動態競爭
決勝力

運用宏觀到微觀
心法矩陣突破變局

著—陳昭良

動態競爭的企業策略思維與實務

林孟彥

英國大科學家馬克士威（James C. Maxwell）曾說過：There is nothing more practical than a good theory。意思是說：沒有比好理論更實務的東西了。在理論好用的同時，我們卻也常聽到「這太理論了，實務上很難應用」，或「理論無用」等，對理論的諸多批評或責難。究其原因，可能是：我們學理論，要不沒學通，要不就學了卻過分拘泥於理論，以致於應用起來卡卡的，甚或窒礙難行。最終導致理論無用的說法。

理論是透過簡約模型，試著去瞭解實務的複雜，以及重要變數間可能存在的因果關係。我在台灣科大企管系講授行銷管理二十餘年，深知理論的重要性。透過對理論的學習，我們得以掌握實務的本質、並釐清變數間的關係，進而有較佳的機會去改善實務。這段話說的簡單，但如何透過理論去掌握實務的本質？往往很不容易參透，這其中的關鍵在於，能否真實瞭解理論與實務的關聯？欲突破此關鍵處，最好的方法就是老師多舉實例，讓學生清楚知道實務和理論是如何契合在一起。

商場如戰場。從直觀角度來看，商場的激烈競爭、成王敗寇等殘酷事實，真的就是槍林彈雨的戰場翻版。如果能將歷史的著名戰事，透過理論來分析其本質，或許會有助於我們對理論的掌握，與對實務的改善。昭良先生的《動態競爭決勝力》就是在這樣思維下成就的一本好書。

我和昭良相識於一個教學場合，在言談交流中，瞭解他對動態競爭有深入的研究，也知道他擅長以獨特的方式來詮釋競爭策略：藉歷史的著名戰役來剖析競爭的動態本質。看他如數家珍、生動述說著戰爭歷史，我因此邀約他來台科大 EMBA 班講授動態競爭。一堂三小時的課程下來，同學們的佳評如潮，讓我不得不額外加課，再請他更深入分享相關的戰事與主題。

由於昭良的上課教材太豐富，要完整吸收其內涵有相當的難度。在聽聞他計畫出書的當下，我立刻說：這將會是動態競爭領域學習者的大福音。經過好長一段時間蟄伏後，昭良先生終於完成此書的初稿。在閱讀全文後，我讚嘆於本書內容的寫實、對戰事的縝密分析、對戰果的清晰解盤；加上全篇詳細的歷史考據、文詞流暢與多幅戰略地圖的寫實呈現，對想研究企業策略或動態競爭的讀者來說，這本書絕對是值得一讀再讀的好書。

我很榮幸有機會一睹為快。相信本書的出版，對管理學界的策略思維提升與策略實務運作，都會有很大的助益與正面衝擊。是所企盼，爰為之序。

（本文作者為臺灣科技大學企管系教授）

將繁雜知識理論實務落地，
開啟實戰運用之新路徑

劉邦寧

　　邦寧在中華華人講師聯盟接掌第九屆理事長一職時結識了陳昭良老師。在講師聯盟活動中，昭良老師永遠是笑臉迎人熱情分享，讓我留下很深刻的印象。同時，他也是中華華人講師聯盟中，最熱門受邀在兩岸四地分享「動態競爭」的企業導師級顧問。

　　昭良老師接受台大商學研究所正統的 MBA 訓練，並實際從事企業管理顧問近十多年。其深刻體會知識理論轉化為實戰運用之困難。面對此瓶頸，一般人可能選擇高唱「學習無用論」而回歸原有憑直覺做決策的舊模式。但昭良老師卻選擇直球對決，以鍥而不捨的精神，透過精微剖析，去釐清問題背後的脈絡與理路。其過程雖然漫長與艱辛，但難能可貴的是，縱使滿地荊棘，黑暗之中不見行路，他終究還是憑著求知、求解的使命走了出來，並為企業界重新建構出一套融合理論與實務的新思維、新系統。

　　這本書包含了十章四十三節，分成「思維篇」、「實戰篇」與「養成篇」三個主軸，每一章節都是昭良老師在格物省思，尋求突破企業

實戰運用瓶頸的成果。例如：思維篇裡所探討的三大議題，管理是科學或藝術、策略有用或無用、市場變化是內在或外在。無可諱言，這都是長期困惑管理界的大哉問。但是昭良老師卻能巧妙結合西方管理科學與東方兵法觀點，並以淺顯易懂的歷史戰役相互對照，讓上述問題出現令人耳目一新的新解法、新啟發。這對於企業未來要將繁雜知識理論導入實務落地，的確是開啟了許多實戰運用之新路徑。

此外，在「實戰篇」裡，昭良老師也特別針對動態環境充斥著市場不確定、競爭者心思不可測、競爭行為不理性之特質，應用了《孫子兵法》的「利害」提示，由始計、作戰、虛實、軍爭、九變等原理，導入解決市場實戰所不可忽視之「動態競爭」、「戰略思維」、「作戰計畫」、「市場路線、轉型」等課題。重構「敵我優勢、敵我攻防」、「心法手法、天生後天」、「理性感性、抽象具象」之靈活應變，為企業面對近代 VUCA 市場叢林戰情境，著實提供了一套非常實務、實戰與實用的解決方案。

讀昭良老師的書就像是經歷一次豐盛的知識饗宴。其精心設計的案例故事解說與圖解，不僅充分表達清晰，同時在文字、感情、思維、說理及態度上，直接間接地展現給企業各種務實而適當的解決途徑。相較於坊間充斥的管理書籍，昭良老師的筆法與文字更見平易近人，真實反映實際商場百態與企業經營實況，全然超脫一般管理書籍的窠臼，同時也更容易讓企業達成預期的目標。

身為昭良老師的好友，能夠領先讀者預覽此商戰實務的管理書籍，在細細品味反覆咀嚼之餘，除有如身歷其境感受經營企業的艱辛

外，兼能分享昭良老師經歷過的管理導師生涯與人生體驗。我鄭重推
薦從事企業管理顧問領域的講師、顧問，都應該好好反覆研讀昭良老
師所寫的這一本好書。

（本文作者為中華臺北國際註冊管理諮詢協會理事長、中華文化
孫子兵法學會副會長）

建構動態系統思維，
啟動創新創變作為

陳家聲

　　為什麼配備精良、訓練有素的美軍，在韓戰與越戰中敗給了武器配備、人員落後的北韓、北越軍隊？明朝訓練有素的軍隊敗給了放牧的金人？阿里巴巴集團馬雲總裁曾笑稱：很多聰明人進 MBA 學習，結果好像都變笨了！思維變得僵化！大學、高校管理學院錄取、培育了許多優秀人才，但卻少能創新創變，後來只能做企業的專業經理人？類似的案例，不勝枚舉。

　　其中一個共同的問題：為什麼知識學習越多，思維好像越僵化！進而引起了對「學習是否有用」之爭論！學習肯定有幫助，但最大的問題應該是：

• 如何透過學習提升解決問題及決策的能力！

• 如何讓學習的「知識」轉化為解決問題、做事的本事！

• 如何將「知道」落實為「做到」！

　　我覺得昭良這一本書，已經逐步逼進上述問題的核心了。他把「商場競爭」對比成殘酷的「戰場作戰」！跳脫傳統靜態與虛偽良善的道德論述，以嚴肅的態度省思，如何在商場競爭中面對「你死我

活」的生存搏鬥，並以不拘泥公式定律、不按標準套路，發展出隨境而變，無招勝有招的率性打法。在當前烏卡 VUCA 環境下，未來高度不確定，新進者打破、顛覆既有行業規則，各行業持續被不知名對手所打劫。這都證實行業規則本來就不是由某人、某企業所訂定，而應該不按套路出牌，才真正符合「現實」。

佩服昭良把二十多年輔導企業的顧問職涯中，所沉澱發展出的思維模式、方法論與實踐經驗，撰寫成書與大眾分享。其秉持對教育及學習的本質與初心，期望所學能夠所用，能夠把所學知識轉化為有效的決策與行動，能夠解決問題！我相信這不僅是昭良個人的反思，也包含了其親身為企業實際培訓與實務輔導過程中的經驗積累。進而對現有管理教育模式的持續批判，尋求將「知道」落實為「做到」的科學實證方法。

書中旁徵博引了前人智慧、歷史戰役與現今企業真實案例，看見昭良的用功及展現獨立思維辯證的能力，深為佩服！在現今教育系統裡，傳統的二元化思維，重視既有的理論與工具，假設環境穩定或靜態，進而尋求或制訂標準答案的做法，是一個嚴重的迷思、誤導，也限制了對產業環境驟變、科技與經營模式不斷創新的認知與接受。但在本書中，確能看到對此問題之深層省思與解決方案。

縱觀全書，從上篇動態競爭思維篇，中篇動態競爭實戰篇，下篇動態競爭養成篇，思路結構一氣呵成。相信本書可以提供管理研究與實務工作者，一套知行合一的知識體系與理論建構，並協助企業轉換思維認知模式及改變行為，更有效地實現企業目標及問題解決！

（本文作者為臺灣大學管理學院商學研究所教授）

目錄

思維篇

第1章　**管理，科學或藝術**　19

　一、從軍事實戰驗證市場實戰

　二、完美的作戰規劃，慘烈的全軍覆沒

　三、兩大干擾變數影響實戰結局

　四、從軍事戰役透析市場實戰之本質

第2章　**策略，有用或無用**　49

　一、策略是什麼？

　二、在不同時空環境下，策略模式如何演變？

　三、我們現在處於哪種時空環境下？

　四、動態競爭市場經營曲線

　五、以動態思維省思策略的本質

第3章　**市場變化，內在或外在**　87

　一、動態競爭思維面轉型3步驟

　二、建構動態競爭實作新模型

　三、釐清動態競爭的內涵

實戰篇

自序

武之所可以教人者備矣

其所不可者，雖武亦無得而預言之

唯人之所自求也

　　有位名人說過：「我讀過許多兵法書，但一到戰場上，必須先把所學兵法忘掉。」戰場情勢千變萬化，你守著作戰規則、操作程序，將難以應付變化莫測的戰場情境。唯有先忘掉，你才能打開敏銳洞察力，面對無窮無盡的戰場考驗。商場如戰場，市場作戰也一樣，你遵循行銷理論、套用 SWOT、STP……等分析手法，用到複雜市場作戰，常常發生計畫趕不上變化的困境，最後還是憑直覺與經驗解決問題。

　　如何將理論手法導入實戰運用？這個議題是催促我寫書的動力。本書不想講高深的模型與定律，而是要讓你學習時，容易看得懂；但運用時，又容易忘得掉。我想用簡單且粗獷的作戰概念，讓你打起戰來有點架式，但又不拘束你在戰場上求生本能爆發。這說起來容易，做起來難。該講什麼內容？該長成什麼模樣？這些問題整整困惑了我十年，遲遲無法動筆。直到近幾年來，試著將行銷策略理論結合東方兵學，再應證到歷史上軍事戰爭案例相互對照，才逐漸梳理出一些新的思維方向。這也構成了本書第 1 至 3 章，如何用新視角面對市場

新挑戰的內容。

　　研究動態競爭最難之處，是在變動中找到不變，不變不是不動，而是在失衡中找到著力點。環境在動，競爭者在動，消費者在動，什麼都捉不住。許多行銷策略理論一碰到動態競爭，都有修正的必要。因為理論定律的產生，大多是透過搜集案例進行迴歸統計分析，找出具有共性的主軸。過程中難免會刪掉案例的特殊差異性，而這差異性往往是實戰中決勝負的關鍵點。許多企業套用理論作戰失敗後常感慨：怎麼會這樣子呢？沒想到會有這種情況！其背後原因大多是忽略了理論定律的差異性。

　　因此在研究動態競爭時，除了研究共性主軸之外，我更重視找回個案差異。我不用統計分析做研究，改為拚湊組合的方式還原案例的差異性，最後整合出本書第 4 到 8 章的「動態競爭心法矩陣」。這個矩陣不強調主軸共性，所以沒有辦法為你指出一條成功路徑，事實上我也不認為在動態環境下會有這麼一條光明道路存在。但它能告訴你，要想要競爭致勝，必須綜合考慮哪些共性與差異性，讓你比對手具有更高的存活機率。

　　此外，動態競爭是人在做戰，不是機器在打架。既然是人，就必須考慮人性因素。學動態競爭若只想求一個模型定律，就想預測競爭態勢、推導作戰方案，就太小看人性詭譎對作戰的影響。所以我在研究軍事案例時，常透過情境模擬讓自己置身戰場，去感受正在承受生死壓力的當事人，如何在焦慮、無奈、恐懼下做出理性或非理性的策略。

長平大戰，趙軍大敗，其勝負關鍵又怎能只用趙括紙上談兵就輕鬆帶過呢？我們難道不應該更關注趙括的情緒起伏如何影響其策略形成及後續突圍的決斷嗎？相對的，白起傾秦國之兵圍堵趙軍，也是承擔了極大壓力。若不是已經洞察、操弄趙括的心思伏動，他又哪敢下如此大的賭注呢？動態競爭是敵我在變動環境下所進行的心智對抗過程，只有將人性納入，才能形成有溫度、有生命的動態競爭策略，否則都將如同隔靴搔癢，只得其表而無法深透實戰之本質。在本書第6至8章，我會特別說明如何將人性因素與動態競爭相互融合。

　　《何博士備論》中提到：「武之所可以教人者備矣，其所不可者，雖武亦無得而預言之。唯人之所自求也。」孫子兵法成書於春秋末年，那時候作戰是有行為規範，兵不發喪、不擊半濟、不殺二毛，比較具有貴族精神。若孫子晚200年出生，經歷戰國時代天下爭戰的洗禮，其動態競爭內涵將會更豐富。個人才疏學淺，不敢與孫子相提並論，充其量只能以自求精神，就兵學在動態競爭之運用，試著進行衍生性的思索與探討。

　　本書完成要感謝我的家人在背後支持，讓我無後顧之憂專心思考。也要感謝就讀台大商研所時，帶我踏入管理學殿堂的許士軍老師、徐木蘭老師、陳家聲老師、洪明洲老師，他們的研究精神啟發我敢去想、敢去挑戰動態競爭此一未知領域。另要感謝劉富忠先生長期分享其企業經營實務，補充我實務經驗之不足。也特別感謝何飛鵬社長、林孟彥教授及黃麗燕總裁的肯定推薦本書。

　　動態競爭是一個令人充滿驚奇的寶礦，有太多值得深入研究之

處。本書是我初步嘗試去理解這一門學問的起步，尚有許多不正確、不成熟、不完善之處。期望先進好友能不吝惠予指正，讓我有進步、成長之機會。

陳昭良 于台北

賜教信箱：teamwell@ms21.hinet.net

思維篇

管理，科學或藝術

為了在市場上競爭致勝，做好策略規劃、行銷計畫，企業花了很多心思精益求精，更上一層樓：

- 到學校讀書聽課、努力學習
- 參加行銷、策略認證課程、顧問師班
- 讀 EMBA 班、總裁班

　　但是投入那麼多的精力學習，讀完這些學程後，回到工作實務運用時到底有用或沒有用？最終能將知識理論、工具手法，轉化為實務運用的比例又有多少呢？聽說阿里巴巴集團的馬雲曾表示，他沒有讀過商學院，一天都沒有。但這些年來，他看到很多人去讀 MBA，這些人去之前非常聰明，回來時都變蠢了；他們去之前思維非常活躍，但回來時好像僵化了。倘若馬雲說的是事實，那麼令人不禁要問，我們還需要讀書嗎？我們還需要學習知識理論嗎？學習是讓我們變得更聰明，還是更笨？

　　其實，就讀書聽課、學習知識理論是否有用，一直有兩方不同的意見。

■支持有用的人，認為只要用心肯學，絕對會有助益

　　讀 MBA、EMBA 班可快速學習管理案例與理論體系，建立一個全面性、系統性的管理知識框架。未來遇到實務工作瓶頸，可以很快窺見問題全貌，快速找出解決問題的方向與途徑。當然，沒有任何書本知識理論有辦法 100% 解決所有問題。但多學習、多思考，對自己多多少少會有幫助。

■反對有用的人，認為學得愈多，績效可能愈差

　　市場實戰千奇百怪，根本不是讀書聽課所能涵蓋。管理知識體系最喜歡講「假設條件不變的情況下」與「假設在此界定範圍內」。但真正的市場實戰，唯一不變的就是環境隨時在變，唯一無法界定的就是問題範圍。這也導致於書本所學的知識理論，往往無法套用在實際經營情況。

　　雖然正反兩方就此爭論不休，但也有一些折衷觀點，試圖平衡兩方。其意思為，管理是科學，但運用是藝術。老師可以教你管理，但運用則要因時因地靈活權變，其巧妙存乎一心，教不來的。這種觀點看似合理，但並不合情。我花許多時間與精力學習管理，目的就是要能用啊。結果你告訴我，學到的是科學，不見得能轉化為運用。那我不是白忙一場了嗎？或者請老師就乾脆不要教我科學了，直接教我藝術就好了，這樣子大家都省時省事嘛！

　　十多年來，我一直想解開學習知識理論是否有用的問題。因為我曾幫助過許多大型企業，包括中石化、寶鋼、台積電等企業，從事策略、行銷等領域的教學培訓。若沒弄清楚這個問題，我真的不知道教那麼多，到底是在幫助企業提昇競爭力，還是在浪費企業主管的時間。

　　我不想去引經據典，從學術論文裡找答案。因為學術研究為了深入，常常將一個議題切割得很細。但我覺得行銷、策略就像是作戰。當你把一個連貫性的作戰思路切割得很細、很零碎後，將來實際運用

最大的問題就是拼不回來。

這就像打棒球，原本球員揮棒自如，偶爾還能打出全壘打，只是姿勢醜了一點。但為了讓他打得更好、更漂亮，你將他的揮棒動作拆解成十段，每一段各找一位體育學博士去研究角度、速度的最佳值。當這十位專家將各自研究結果教給這位球員後，他就完了。學到了知識，卻忘了直覺，他再也打不出好球來。因為每次要揮棒時就會想東想西，想體育學博士教他一段段行動的速度、角度最佳值。最後揮起棒來就是卡卡的。

一、從軍事實戰驗證市場實戰

商場如戰場！

我認為，要回答「學習有用或無用！」要彌平「理論學習」與「實戰運用」兩者衝突，與其在統計數字分析上打轉，不如試著從軍事作戰案例切入。畢竟戰爭是世界上最恐怖的人類行為，行就行，不行就不行，沒有那麼多冠冕堂皇的大道理可言。我相信藉由研究軍事戰役，參透作戰本質，再倒推驗證市場實戰，應該能讓我們繞開繁複的知識理論體系，直指問題核心。

所以一開始，不如先讓我們來看一場發生在 400 年前的真實歷史戰役「薩爾滸之戰」，再來闡述商場實戰的大道理吧！這場戰役發生在萬曆四十六年（1618 年），努爾哈赤以「七大恨」誓師，向明朝宣戰。明朝經過十月準備，由兵部右侍郎楊鎬領軍（類似當今國防部副

部長），調集 12 萬部隊組成一支在數量與裝備都壓倒後金的大軍，兵分四路進軍後金都城赫圖阿拉。

我為什麼要舉這個案例？

因為這是一場「冷兵器」對抗「熱兵器」，實力相差懸殊的戰爭。這也是一場「書生」與「土匪」，知識文化水平相差懸殊的戰爭。

■明朝──嚴謹正統的軍事訓練（書生派）

明朝指揮官楊鎬雖是個文官，但明朝延續了宋朝傳統，武將養成必須接受軍事院校的正統培訓。《孫子兵法》、《吳子兵法》、《唐太宗李衛公問對》、《尉繚子》、《司馬法》、《三略》、《六韜》，這武經七書都是他們必修的基本教材。換言之，明朝軍事幕僚團隊是飽讀兵書，具備嚴謹、專業思考作戰計畫之素養。

■後金──放牛吃草的軍事訓練（土匪派）

後金仍過著原始的遊牧生活。後金的領導者努爾哈赤沒讀過私塾，沒上過軍校，沒接受過系統軍事訓練。事實上，直到努爾哈赤的接班人皇太極，才開始指定通俗易懂的三國演義，做為文化水準不高的後金部隊軍官團必讀兵法教材。

讓我們用這一場接受過軍事訓練的明朝軍隊與沒接受軍事訓練的後金部隊，兩方的交戰過程對照我們所要探討的主題：學習知識理論，到底有用還是沒用。

明朝完美的作戰規劃

管理教科書提到，策略規劃要有邏輯，有條理。計畫研擬流程要從策略面、戰術面、執行面有序推演。當我們還原 400 年前明軍作戰推演過程時，我發現明軍研擬作戰的思路，還真的符合這種一條龍、前後呼應、嚴謹細膩的作戰規劃流程。

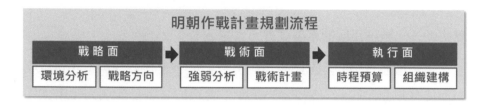

明朝的策略面：環境分析與策略方向

策略是什麼？策略就是指出未來的作戰大方向。

換言之，明軍的策略面應該先透過環境分析，進而決定作戰大方向：攻或不攻？

1. 環境分析

這張地圖是當時的戰場情境。赫圖阿拉是後金的都城，西接蒙古，北臨葉赫部，南有明朝，東有朝鮮。努爾哈赤與這些國家素來不和睦，且面臨著被四面包圍的劣勢，整體戰局對後金非常不利。

2. 策略規劃的理論依據

孫子兵法說：「不戰而屈人之兵，善之善者也。上兵伐謀，其次

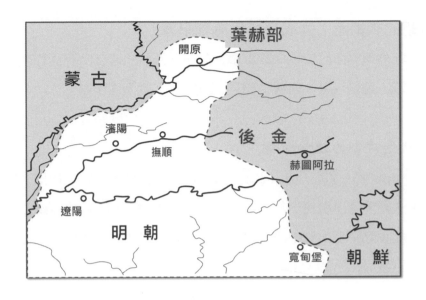

伐交，其次伐兵，其下攻城。」按照孫子兵法的理論引導：不戰而屈人之兵，追求「全勝」乃軍事鬥爭最高思維。所以，照環境分析來看，後金與周邊國家不合，對明軍是一大利多。因此，只要能夠聯合周邊國家對後金施壓，的確有可能達到「不戰而屈人之兵」的效果。

3. 策略面的大方向產生

為了達到「不戰而屈人之兵」的目標，明軍指揮官楊鎬在聯合周邊國家之後，特別寫了一封戰書恐嚇努爾哈赤，要他認清事實，早日投降。不料努爾哈赤根本不甩楊鎬的威脅，竟然還將戰書撕掉。楊鎬火大了，一看恐嚇不成，立刻決定訴諸武力。此時策略大方向即刻被確立了：正式開戰。

明朝的戰術面：強弱分析與戰術計畫

既然策略面已決定採取軍事行動了，那該如何打？正面作戰、側翼作戰、還是包圍、偷襲？這就正式進入了戰術面規劃。

1. 戰術規劃的理論依據

1962年錢德勒（Chandler）於《策略與結構》一書中指出，策略制定必須要適應環境變化，並尋求內部能力與外部環境的匹配。後來並依此論點衍生出策略設計學派，該學派代表人物哈佛大學安德魯斯教授更發展出「SWOT分析」管理工具。

SWOT 分析法		
	Strength 強處	Weakness 弱處
Opportunity 機會	S－O 追逐機會	W－O 調整應變
Threat 威脅	S－T 轉化威脅	W－T 迴避危機

「SWOT分析」提出企業在制定策略方案、競爭者分析時，需分析四項因素，分別是企業優勢（Strength）、劣勢（Weakness）、機會（Opportunity）和威脅（Threats）。並依據這四項因素之交互分析，衍生追逐機會、轉化威脅、調整應變、迴避危機，發展不同作戰計畫。

2. 戰術規劃之推演過程

■穿越時空，模擬明朝所 SWOT 分析

雖然 SWOT 分析是四十年前才被西方管理學界提出的管理工具。但說到這裡，我不得不佩服老祖先的智慧，因為明朝軍事參謀團早在四百年前就已經能夠活用 SWOT 分析了。

| 明朝軍事參謀團討伐後金戰爭 SWOT 分析表 ||
Strength 強處	Weakness 弱處
【S-1】武器、裝備精良 明軍步兵營除配備大量能擊穿盔甲之鳥統和多管火繩槍，並擁有火炮兵器。 後金部隊大多只配備大刀長槍。 【S-2】部隊數量具絕對性優勢 可從四川、浙江等地調動部隊約十多萬，遠多於總計約 5 至 6 萬的後金軍隊。	【W-1】明朝財務狀況不佳 剛打萬曆援朝抗日戰爭，財政狀況不佳。且四處調軍，使軍餉支出驟增。 【W-2】部隊較不適應北方戰場 從全國各防區如福建、浙江、四川、山東、陝西、甘肅等地徵集士兵星馳援遼，較不適應東北戰場情境。 【W-3】部隊機動性較差 明軍大多以步兵為主，不如後金部隊以騎兵為主，能快速切入戰場，並快速退出。
Opportunity 機會	Threat 威脅
【O-1】東北地區多國鄰立，多有不合 整個東北地區局勢多國鄰立，西有蒙古，北有葉赫部，東有朝鮮，南有明朝。這些國家平時多有衝突，不見得能團結。 【O-2】女真族內部多有歧見與衝突 之前女真族才發生內部混戰，九部聯軍攜手收拾努爾哈赤，但卻折戟於札喀關下。	【T-1】三月份，北方氣候寒冷 東北區域三月初還是下雪季節，許多河川依然積雪成冰，不利從南方調派之作戰部隊。 【T-2】戰線太長，糧草補給困難 決戰區戰線太長，部隊糧草不易補給。 【T-3】東北區域地形複雜 決戰區域位在長白山脈與大興安嶺中間，山川起伏，河流交錯。

■依據 **SWOT** 分析，衍生出三項戰術構想

綜合以上三項戰術規劃發展思路，明朝參謀團採用 SWOT 工具手法，擬定了此次遠征努爾哈赤的作戰計畫。

強弱分析	W-2 部隊較不適應北方戰場	O-1 多國鄰立互有不合	S-2 部隊數量具絕對優勢	T-3 東北區域地形複雜	W-1 明朝財務狀況不佳	T-2 戰線太長，糧草補給困難
戰術方案發想	**WO 策略：調整應變** 聯合葉赫部、朝鮮等國，共同組成聯合部隊。 ↓ 聯合作戰		**ST 策略：轉化威脅** 兵分多路，分進合擊。逐步縮小包圍圈，殲滅敵之主力。 ↓ 分進合擊		**WT 策略：迴避危機** 速戰速決，尋求敵方之主力部隊，快速決戰！ ↓ 速戰速決	
戰術成形	**聯合作戰，分進合擊，速戰速決——決勝赫圖阿拉！** 採取四路合圍的壓迫作戰，向後金大本營攻擊，意欲使努爾哈赤不能首尾相顧。 目標對準努爾哈赤的大本營赫圖阿拉城。					

明朝的執行面：組織建構與時程預算

執行面計畫 1：設定執行階段

研擬出「聯合作戰、分進合擊、速戰速決」此一戰術計畫之後，明軍參謀團也依據此戰術方向，規劃了執行落實的三大作戰階段：

第 1 階段：組織多國聯合部隊，兵分四路，對努爾哈赤形成包圍

態勢。

第 2 階段：分兵合進，壓縮敵方作戰空間，不讓後金部隊有機動轉移機會。

第 3 階段：四路兵馬會師於後金都城赫圖阿拉，與後金進行最終決戰。

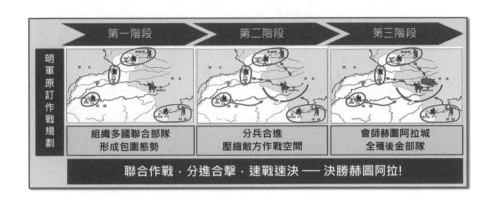

執行面計畫 2：組織建構與時程規劃

兵分四路，調兵遣將與職能分工：

- 西路軍：海關總兵杜松為主將，官兵三萬餘人，由瀋陽出撫順關，10 天到達。
- 南路軍：遼東總兵李如柏為主將，官兵二萬餘人，由清河出鴉鶻關，16 天到達。
- 北路軍：開原總兵馬林為主將，官兵二萬餘人，葉赫部盟軍一萬餘人，11 天到達。
- 東路軍：遼陽總兵劉綎為主將，官兵一萬餘人，會合朝鮮軍一萬三

千人，10天到達。

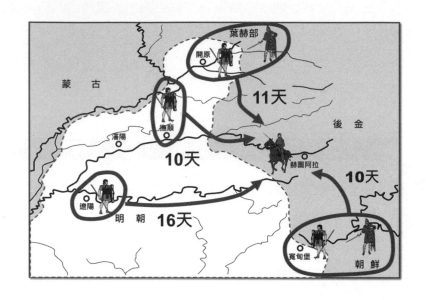

二、完美的作戰規劃，慘烈的全軍覆沒

　　判斷計畫書寫的好不好，不外乎從「策略面」、「戰術面」及「執行面」之間的邏輯是否嚴謹，思路條理是否清晰來判斷。就明朝參謀團擬定的三階段作戰計畫，該有的環境分析、SWOT 分析等市場經營管理手法都使用上了，而且推論邏輯也算是條理分明，結構清晰。坦白說，換成我們穿越到明朝來做這份計畫書，也不見得會做得比明軍參謀團還要好。

　　然而明軍這麼一場活學活用知識理論，經過慎重研擬的作戰計畫，最後結果如何呢？歷史真相告訴我們：明軍全軍覆沒！

在不到五天時間內，努爾哈赤連打三場勝仗，殲滅明軍戰將 300 多名，陣亡士兵 45000 餘眾。這就是歷史上著名的薩爾滸之役。這一場戰爭失敗，讓明朝對遼東地區從策略攻勢退縮為策略守勢，而此也加速了明朝的滅亡。

然而，為什麼⋯⋯

那麼認真研擬的作戰計畫，最後結局卻那麼慘？

那麼合乎邏輯的作戰計畫，最後卻以慘敗收場？

原因是明軍作戰經驗不足嗎？並不是！因為部隊中有許多人剛打贏萬曆年間的對日戰爭，戰鬥經驗豐富。而且部隊也有從浙江調上來，由名將戚繼光訓練，戰鬥力超強的戚家軍。整個軍團也算是身經百戰了。所以，明軍失敗絕對不能用知識理論不夠，經驗不足的簡單原因可解釋。

我反而更關心的是：熟讀兵法理論的部隊打起仗來，為什麼績效那麼差？學得愈多，算得愈仔細，為什麼打起仗來死得愈快呢？

這些飽讀兵法、用心計畫的明軍，在實戰上運用兵法理論一定是遇到了狀況與瓶頸。如果能夠把這些狀況與瓶頸找出來，絕對有助於我們解答：為什麼現代企業主管讀那麼多知識理論，卻無法有效實務落地、實戰運用的原因。

戰場三大意外，害死明軍

這是一場關鍵戰役，誰都不想輸，誰都不能輸！

但不幸，明軍的確是輸了，輸在精密分析的作戰計畫，在執行過

程中遭遇十多項事前預料不到的意外事件。為了後續研究，我列舉了
其中比較重要的三項：碰到瘋子、碰到老狐狸、人算不如天算。並將
整個作戰過程整理如上圖，上半部是「明軍原訂作戰規劃」，下半部
是「明軍實際戰爭演變情況」。

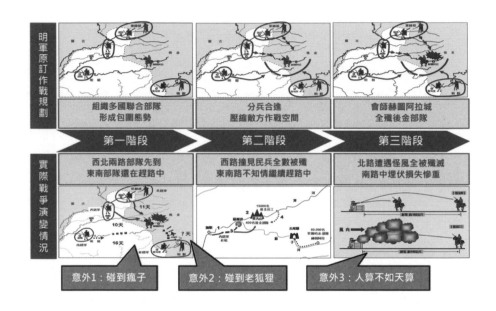

第一個意外：碰到瘋子

　　明軍三階段作戰成功的背後作戰假設，必須是：「努爾哈赤會死
守大本營，不要動。」若努爾哈赤帶著部隊到處亂跑，或是採取打游
擊方式，來無影去無蹤。那麼明軍兵分四路、聯合包圍的策略目標勢
必落空。雖然如此，你覺得身經百戰的努爾哈赤所率領的後金部隊，
一定會乖乖死守大本營赫圖阿拉嗎？他一定不會亂動亂跑，等著明朝
大軍前來殲滅他嗎？你覺得明朝參謀團所想的這個作戰假設，會不會

太過一廂情願、太草率了呢？

■明軍的作戰假設：

努爾哈赤不笨，他一定會選擇對他最有利的方案

我跟各位保證，明軍不笨！

明軍假設「努爾哈赤會死守大本營，不會動」絕對是合情合理，絕對是明軍綜合各方資訊下所能推導出最有智慧的分析結論。為什麼呢？因為明軍已經對後金部隊的可能動向做了情境分析（Scenario Analysis）。依據明軍研判，未來努爾哈赤可能有三套應變方案：「負隅頑抗，死拚死守」、「分兵抵禦，各自為戰」與「集中兵力，主動出擊」。

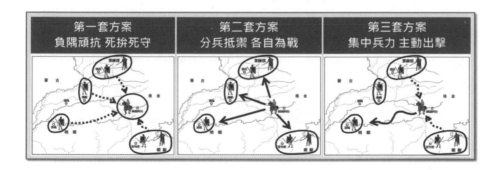

明軍參謀團也分析過，後金部隊這三套應戰方案的結局：

• 第一套方案結局──死。困守大本營，外無援軍，彈盡糧絕後，結果──死。

• 第二套方案結局──死。各自為戰，每路部隊實力都不如明軍，結

果——死。

- 第三套方案結局——死。主動出擊不見能勝，但大本營被攻破，結果——死。

所以明軍認為，反正後金部隊不論如何應對，結局都是死。後金部隊最後將只剩一個決策方向可選擇：怎麼死，死相才好看。

其中死相最難看的應該是第三套方案。因為後金所有後勤再生資源、家眷牲口都留在大本營。明軍只需調動一小股部隊，趁虛攻入後金大本營。努爾哈赤孤軍拒敵不見得能勝，大本營又被清剿殆盡，此種死法叫「死無葬生之地」，是三套方案中的下下策。

死相最好看應該是第一套方案。我不亂跑，就死守到底，所有能打、能砸的家當，全部搬出來跟你拚命。或許不見得能贏，但是趁著明軍遠道行軍，師老兵疲，我也要把你搞得又喘又累，搞不好還能拚出一個「以戰逼和」的結局。縱使最後要投降，也能爭取比較有利的談判籌碼。

所以綜合以上分析，明軍以進行策略規劃，最重要的情境分析、換位思考等手法，揣摩努爾哈赤的心態。最後得到一個明智的結論：「第一套方案：死守大本營，不動」對努爾哈赤絕對是上策。而且努爾哈赤不笨，他一定會選擇生存機率最大的上策方案。這也是明軍為何敢做出「後金部隊，絕對會死守大本營，不會亂跑亂動」，這一大膽假設的主要原因。

我以前在研究這一場戰役時，常常驚歎明軍參謀團的智慧，真

是現代人所不能及啊。你看看，「情境分析」、「換位思考」、「賽局理論」，這些現代管理學院高階班才可能教導的決策手法，400 年前的明朝參謀團竟然都用上了。

■實際發生情況：

面對瘋子，你不能用正常人的思考邏輯和他對戰

然而，這麼有智慧的策略決策分析，最後為什麼死的不是敵人，而是自己？

原因很簡單，因為這個策略分析的背後還有一個更關鍵的假設：努爾哈赤必須是一個精神正常的人。因為只有正常人才會趨吉避凶，才會選擇對自己最有利的上策。偏偏不幸，明軍這次所面對的敵人努爾哈赤，當年，僅僅靠著十三副鎧甲打天下，就敢向大明朝宣戰，這種人根本就不是一個正常人，而是一個瘋子。

明朝參謀團作夢也沒有想到，努爾哈赤最終選擇了賭上爛命一條，跟明軍豁出去的「下下策」。歷史記載，努爾哈赤不管大後方、大本營了，竟然將六萬騎兵全部集中為一路，到處跑，尋求與明軍決戰。並以個別局部優勢逐路擊破明軍。頓時明軍原定兵分四路、聯合包圍的作戰計畫，一下子就亂了套，應變不及。

第二個意外：碰到老狐狸

努爾哈赤選擇將兵力集中一路，接下來就面臨一個問題，應該先打明軍那一路？

當然合理的邏輯，應該挑選最先到的明軍來打才對。根據情報，四路明軍到達時間分別是：北路軍 11 天；西路軍 10 天；南路軍 16 天；東路軍 10 天。但麻煩的是明軍東、西兩路軍都是 10 天，同時率先到達。而且一個從東來，一個從西來，若先對付東路軍，就擋不住西路軍，反之亦然。這下麻煩了，努爾哈赤該先打誰呢？

　　東西二路同時到達，將對後金形成前後夾擊的不利態勢。

　　請問一下，若你是努爾哈赤，你會選擇先對付誰呢？

　　東路？西路？或是改變原先策略，將部隊一分為二，分兵拒敵？

　　事實上，努爾哈赤的精明超乎我們想像。他跳脫被包圍如何應變的思維框架，而朝著更高層次思索。從「如何解決被四路部隊同時包圍」提昇層次，進而思考「如何讓對手的四路部隊無法同時到達」。因為解決後者，前者就不再是問題了，根本不用再花心思了。

　　結果努爾哈赤並沒有選擇分兵拒敵，而是派 500 人在東路軍行進沿途砍樹，滯延東路軍的推進速度，以便騰出全力對付西路軍。事後證實，這個手法十分成功。

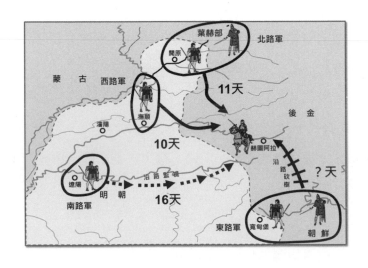

歷史記載，四路兵馬中，西路軍最先到達集結點，其次是北路軍。但是北路軍到達指定地點前，明朝西路軍早已被殲滅了。而當北路軍也被殲滅時，東、南兩路軍隊不僅未到達，甚至都還不知道這二路軍隊早已被消滅，還呆呆地往前邁進，努力趕路到集結點會師。

有能力的人，解決問題。有智慧的人，讓問題不再是問題。

真厲害啊！一般人是從解決問題著手，但這仍是見招拆招的模式。但努爾哈赤卻是讓問題不再是問題，讓問題自動消失。真正的戰將不是見招拆招，而是讓你根本出不了招。所以，不要以為你的計畫做得很嚴謹，很巧妙，就一定能成功。錯了！這不是考試，是打仗。計畫再好，要是遇到像努爾哈赤這種老狐狸，你一出招，他就把你化解掉了。最終你將發現，再怎麼努力都是白忙一場。

第三個意外：人算不如天算

戰役進入第二階段，此時西路軍在第一階段時早已被殲滅了。

戰鬥第 11 天，馬林所率領的北路軍終於趕到，同時也從落敗逃亡的西路軍士卒口中，得知西路軍失敗的消息。

■明軍的應戰構想：

以鳥銃拒敵不怕你來，就怕你不來。

北路軍馬林分析，往前繼續推進，寡不敵眾，過於冒險。但若留在原地，以明軍現有大量戰車圍起防禦線，並挖深戰壕。若後金來襲，憑藉著所攜帶之大量火炮、鳥銃轟擊，應足以阻絕後金的攻勢，

然後靜觀其變，再尋應變。

　　馬林部隊的鳥銃在當時已算是很先進的兵器，但請不要將其想像成類似現代機關槍，一匣彈藥，一扣扳機，二、三十發子彈就傾巢而出。事實上，按明朝《火攻問答》一書中描述，鳥銃頂多只能稱得上是火繩槍而已。射擊時，必須先從槍口灌進火藥粉，再放顆鐵球，並用火棒點燃槍身上的引信。一次射擊必須完整操作十幾個動作，縱使是熟練的士兵，一分鐘也頂多只能射擊兩次。

　　當然，若敵方是步兵部隊，戰場衝刺速度較慢，待敵衝到我陣地前，我方大致可射擊三次，足以在接戰之前先大量消滅敵軍（如情況 A）。但若面對的是騎兵，雖然行進速度較快，好歹也能射擊兩次（如情況 B）。

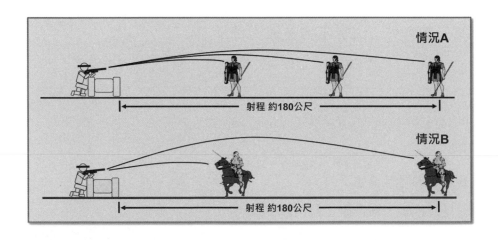

■實際發生情況：

人算不如天算，一陣怪風跑出來

　　歷史資料告訴我們，明軍又失算了一次！

　　後金部隊死命地衝鋒。明軍部隊以鳥銃拚命地射擊。最後後金騎兵死了多了人呢？據史書記載，死的並不多。馬林軍隊發現，這一群不要命的後金騎兵行進速度極快，而且是身穿重甲的重騎兵。馬林的鳥銃兵第一次射擊後，發現能射中、能射傷，但卻射不死。

　　更慘的是，此時戰場突然吹起了一陣猛烈的怪風。不料風向不對，第一次射擊後冒出了大量煙霧，正好被吹到鳥銃兵的前方，遮蔽了視線（如情況 C），第二次射擊時根本看不見後金騎兵。史書描述「火未及用，刃已加頸」，事實上，馬林鳥銃兵最後是在驚慌失措下發現後金騎兵像鬼魅一樣，突然從眼前的煙霧中跳出來。

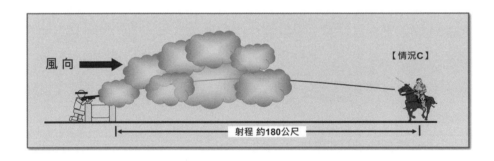

風向　　　　　　　　　　　　　　　　　　【情況C】

射程 約180公尺

　　隨即兩軍短兵相接，騎兵左衝右殺，利刃飛舞。正在酣戰之際，馬林一看形勢不妙，帶著幾個隨從騎馬先跑了。軍無主帥，群龍無首，四面潰散，全營皆沒。馬林的兩個兒子馬燃、馬熠也戰死於尚間

崖。《明史‧馬林傳》記載：「死者彌山谷，血流尚間崖下，水為之赤。」

三月初六，經略楊鎬急令南路李如柏軍回師。李如柏接令後，急命回軍。回軍途中，又遭後金部隊偷襲，明軍大亂，奔走相踐，死者千餘人。李如柏最後逃回清河，遭朝廷言官彈劾，最後自殺身亡。

三、兩大干擾變數影響實戰結局

綜觀「薩爾滸之役」，從事前精密分析，審慎計畫，到最後荒腔走板，全軍覆沒慘劇。明朝軍事團到底做錯什麼事了呢？

殘酷的事實：學得多，績效不一定好。

孫子兵法說：「勝兵先勝而後求戰，敗兵先戰而後求勝。」亦即，勝利的部隊都是事先謀劃好再去戰鬥，失敗的軍隊都是事先不謀劃，就拉上戰場去打戰，邊打邊找出路。然而這次明朝參謀團可是經過精心計算比較過了。不管是軍隊數量、武器質量、外交情勢等等，都處於優勢才發動戰爭啊！多完美的計畫！但卻為何搞出這麼慘烈的結局！

我不禁想問兩個問題：

經過那麼慎重計畫還搞到全軍覆沒——認真研擬作戰計畫，還有用嗎？

讀許多兵法書，一到戰場完全失效——事前認真讀書聽課，還有用嗎？

這個問題一不小心又讓我們回到本章一開始的主題：到底讀書有用，還是沒有用？

實戰決策的干擾變數

　　要探討「讀書有用或無用」這個問題，不如重新拆解「薩爾滸戰役」的完整作戰過程。看一下是什麼原因造成明軍慎重謀劃，卻慘烈失敗的結局，而這些原因正可以讓我們面對未來商場作戰時起警示作用。我用下圖「A、B 部分」表示薩爾滸戰役事前預期與實際情況。A 部分是明軍，從「策略訂定」、「戰術構思」、「執行落實」，經過理性嚴謹分析而得出的作戰計畫。不幸的是，真正面對實戰，影響成敗勝負的關鍵不在 A 部分，反而是意外出現的 B 部分。盤點明軍「薩爾滸之役」所面對的 B 部分總共有三項干擾因素，而這三項變數又可區分為兩大類。

■第 1 類干擾變數：環境

　　屬於不易被預測與掌握之外部環境因素，如：人算不如天算。

■第 2 類干擾變數：競爭

　　與競爭者對抗情況下，由於競爭者的心思，而對作戰方案產生之影響。如：碰到瘋子、碰到老狐狸。

　　A 部分為知識理論工具手法，大多為書本教導的內容。其背後的假設大多為環境可被清楚分析，競爭者行為可被預料。這是屬於靜態

思維的計畫模式。而 B 部分則是在戰場受到「環境因素」、「競爭因素」與「反應因素」的干擾，而形成變化莫測的實戰情境。

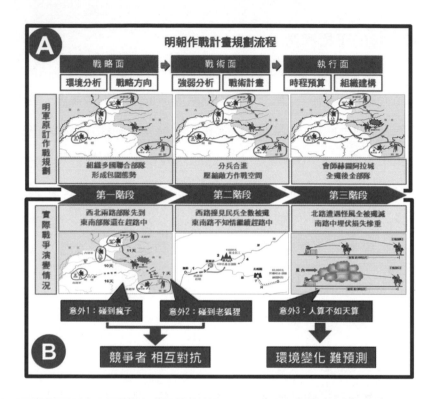

A 部分	B 部分
書本教導的實戰方法 由知識理論與工作手法組成	戰場上所面對的實戰情境 依據環境變化與競爭對抗組成
靜態思維計畫模式 假設競爭者不動、假設環境不變	動態環境、競爭對抗下 任何事情都難以預料
能夠熟悉與學會	不容易透過學習而學會靈活應變

干擾變數如何影響「知識理論」落地運用

其實明軍參謀團沒有錯，孫子兵法也沒有錯。錯也不在明軍參謀團的太用心，太會計畫。錯反而在於他們太相信，一上戰場計畫會按照既定腳本一一循序浮現，然而卻沒想到，真正戰場實戰的成敗不只在於事前計畫，更發生在戰爭當下因為「環境變化難預測」與「競爭者相互對抗」這兩項干擾變數，引起戰鬥受到「環境因素」、「競爭因素」及「反應因素」這三項實戰因素的影響，最後造成所研擬的策略無法與實務連結的問題。

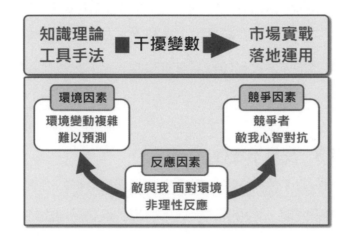

實戰因素1：未來不確定

研擬策略必須進行環境分析。一般我們教學生最起碼要做 PEST 分析（政治、經濟、社會、科技）。但是在實戰中，再怎麼嚴謹分析，也無法全部清楚預測未來可能發生的所有情況。而這些意外的環境變化，常常會讓後續作戰發展與原本知識理論所推演的方向產生重

大差異。試問在薩爾滸戰役裡誰又能預料到，鳥銃第二次射擊時，偏偏吹來一陣怪風呢？

實戰因素 2：對手不可測

　　按照學校所教導的架構流程，的確可寫出一份完整的作戰計劃書。但是打仗不是學校考試，學校考試你懂就有分數，但是戰場作戰是你與對手的心智對抗，你懂對手也懂，你所研擬作戰計劃的成敗不在於你寫得多精彩，還必須相對於對手的反應。對手是心思單純還是奸詐狡猾？是聰明還是愚笨？這些都會影響到你的計畫能否如願成功。事實上，只要涉及人的心思，夾雜著人性的喜怒哀樂，計劃書的成敗就很難被掌控。就有如薩爾滸戰役裡，你怎會預料到會遇上老狐狸呢？

實戰因素 3：反應不理性

　　當你預料對手的動向時，對手也在思索反擊你的方案。解決這種敵我雙方競爭問題，可用賽局理論來處理。但賽局理論是奠基於雙方都是追求理性自利的行為模式。然而若遇到的是瘋子，你依照理性法則所發展的知識理論，將無法適用於對手不理性的實戰情況。就有如薩爾滸戰役裡，明軍深思熟慮努爾哈赤死守大本營對他是最有利的選擇，但誰知道他根本就是瘋子，竟然跟你賭上爛命一條。

四、從軍事戰役透析市場實戰之本質

商場如戰場，市場作戰同樣也會遭遇「環境變化」、「競爭對抗」與「反應模式」三項實戰因素的影響，這也是造成企業主管學得愈多，愈不知道如何運用的最主要原因。我常常在課堂上跟學生說，未來你們面對市場實戰時，不要急著套公式、找答案。你們永遠要記住「環境」、「競爭」、「反應」這三項實戰因素的影響。

融入三大實戰因素，將科學轉化為藝術

讓我們回到這一章最核心的問題點：管理是科學還是藝術？

我一向不喜歡用口號式答案來面對管理問題。因為企業最需要的不是用二分法來告訴你，管理不等於藝術，你認命了。企業最想知道，你如何幫我把知識理論轉化到實務操作。幫我從科學入手，並進化到藝術操作。但遺憾的是，目前坊間好像只有人在教「管理科學」，但沒有人在開「管理藝術」的課程。企業花大筆金錢去學習，最後只落得一個結論：「師父領進門，修行靠自己。」實在是非常可惜。

就我的看法「管理是科學還是藝術」，彼此之間並不衝突。

知識理論與工具手法必須蒐集大量案例與經驗，經過歸納、演繹而成，此部分當然是科學層次（如下圖 A）。但科學的知識理論要能在市場實戰落地運用，必須先融入「環境」、「競爭」、「反應」三大實戰因素（如下圖 B）。至於要如何融入、適應這些複雜、多變、不可測的干擾因素，甚至掌握、活用這三個因素，這就是藝術層次了。

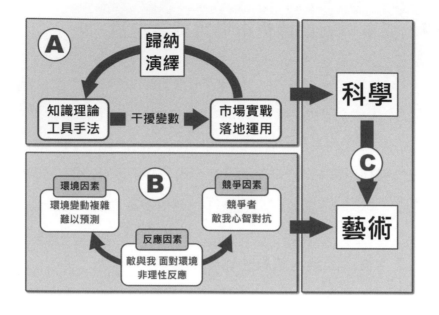

　　就企業而言，我們要的不是深入科學研究，不是要發表高深的學術論文。企業要的很簡單，就只是要「能用」。而要能達到此目標，就必須將「科學」轉化為「藝術」（如上圖 C）。該如何做呢？首先，我建議學到任何知識理論、工具手法，先要克制自己想要「依樣畫葫蘆」，拿來套用的衝動。請你先用「B 部分」的三大實戰因素過濾，並先在心中問自己以下問題：

1. 這個工具手法適合在哪種環境下使用，未來這個環境會不會改變？（環境因素）
2. 我懂這個工具手法，競爭者懂不懂？ 競爭者若也使用這個工具手法將對我造成什麼影響？（競爭因素）

3. 正常情況下，競爭者會如何因應？不正常情況下，競爭者瘋了，他又會如何因應？（反應因素）

經過這三道問題的檢視後，再來調整運用知識理論、工具手法的方式，方能保你在動態競爭環境下不會莫名其妙地陣亡。

科學與藝術，相輔相承

北宋兵學家何去非在其所著的《何博士備論》寫道：

> 蓋兵未嘗不出於法，而法未嘗能盡於兵。
> 以其必出於法，故人不可以不學。然法之所得而傳者，其粗也。
> 以其不盡於兵，故人不可以專守。蓋法之無得而傳者，其妙也。

文中「法之所得而傳者，其粗也」指的是「A 部分」。我們現在學習的知識理論，是將過去已經被「干擾因素」影響過後的失敗或成功案例，經過歸納、演繹而得出的結果。這些結果所呈現的是所有案例的同質性，但他沒有辦法個別詮釋出所有案例的獨特性，所以是「其粗也」。

「法之無得而傳者，其妙也」指的是「B 部分」，意即，將知識理論拿來實際運用時，還是必須再經過一次「干擾因素」的影響。「法之無得而傳者」指的是面對「干擾因素」影響，面對不同情境、不同對手，該如何靈活操作，書本知識無法幫你解決，也教不出來，所以

是「其妙也」。這是實戰最巧妙、最好玩之處，這也是書本或課堂上不容易教出來的實戰技能。

然而何去非並沒有否定學習知識理論的重要性。他也強調「兵未嘗不出於法」，只是「法未嘗能盡於兵」。學習還是有必要，知識理論與工具手法最起碼能提供一個基本的思考決策框架，快速掌握問題範疇與思維軸線。只是所學習到的是過去案例的共通性，此共通性並無法涵蓋未來實戰可能出現的各種特殊、意外情況，所以才說「法未嘗能盡於兵」。

「人不可以不學」，意指肯學習當然很好，但請注意「人不可以專守」，守著學到的知識理論硬是拿來套，拿來面對複雜多變的未來作戰情境。結果削鞋適履、刻舟求劍，原本能打的戰將都會被教成不會打的庸才。

讓我們回到這一章節最開始的問題：

為什麼按照書本知識理論，所作出的作戰方案，一到戰場上，完全走樣？

為什麼主管會議常出現「計畫趕不上變化」、「競爭者不按牌理出牌」的抱怨？

請不要埋怨知識理論有問題，而應該檢討自己使用知識理論的背後邏輯有問題。我們往往太習慣套用公式定律來找答案，卻忽略了科學理論套用在實戰環境中，會受到環境、競爭、反應這三大實戰因素所干擾。

第 2 章

策略，有用或無用

為什麼策略長得都不一樣？

一到年底，企業的重頭戲就是如火如荼進行策略會議。過程中大家都很用心，都很認真。但是討論了老半天卻常常雞同鴨講，很難找到「策略共識」。

- 董事長說：我的策略就是透過併購，進行多角化成長……
- 企劃部門說：我已擬定三年發展策略，第一年先進入電子商務、第二年結合物流業……
- 業務部門說：我的策略是先推出次級產品，混淆競爭者，等他跟進後，我主力產品立即打入他的核心戰場，讓他防不勝防……
- 管理部門說：我們的策略是採取大量生產、降低成本，以低價切入顛覆市場……
- 研發部門說：我會採用集中化策略，鎖定高端、時尚女性為我們最重要的主戰場……

會議中，每位主管談起「策略構想」都講得頭頭是道。但奇怪的是，每個人的策略看來卻都長得不一樣，有時候還真得很讓人困惑「策略」是什麼？「策略」到底長成什麼樣子呢？其實，我們當講師、當顧問的人也常常被企業笑說：「你們都能說出一嘴好策略，但卻做不出一個好策略。」真的耶！策略，真要說，的確可以頭頭是道；但真要做，卻又常常做不出來。奇怪了！到底問題出在那裡呢？沒事！本章就來探討「策略是什麼？」和「策略到底有沒有用？」，讓我們一起來解決這個令企業困惑不已的策略問題。

一、策略是什麼？

你能不能像西瓜、蘿蔔一樣，拿出一個具象、實體的「策略」讓我摸摸看！答案是不行！因為策略從來就不是一個具象化的物品，充其量只不過是一個抽象的概念。管理大師閔茲柏格（Henry Mintzberg）說得很白：「策略是一群瞎子在摸象，每個人都在高談闊論他所摸到的東西，但卻沒有人真正看過大象。」這是一個很可怕的現象，因為每個人都在講真話，但卻沒有人能講得清楚真相。公說公有理，婆說婆有理！為了一個抽象、無法定義的策略，全公司在那裡吵翻天，這不是很奇怪嗎？

不同視角的策略思維

所以在討論「策略有用或沒有用」之前，首先還是應該先釐清「策略是什麼」。其實閔茲柏格提出策略像是「瞎子摸象」之後，他也說不出策略到底長成什麼模樣，但他卻很巧妙地改用組合的方式來處理：亦即我雖然說不出策略是什麼，但是我卻能指出什麼是策略！他在《策略歷程》這本書裡就提出了「策略 5P」的概念，用五個不同角度，幫我們拼湊組合出策略的模樣。

- 策略是計畫（Plan）
- 策略是模式（Pattern）
- 策略是計策（Ploy）
- 策略是觀念（Perspective）
- 策略是定位（Position）

閔茲柏格的「策略5P」並不難理解。你可以把他想像成「瞎子摸象」，有人從前摸到後，有人從上摸到下。不同角度摸象，摸出來的策略模樣都不相同。

從「時間軸」來看——從大象前端摸到後端

把大象的前端鼻子和後端尾巴，想像成時間的前與後。

往前看：看未來，策略是一種計畫（Plan），是對未來發展方向的行動構想。

往後看：看過去，策略是一種模式（Pattern），是一家公司過去作戰方法與習性的經驗總結。

從「空間軸」來看——從大象的象背摸到腳趾頭

摸大象的腳趾頭代表著重細節。摸大象的背部可想像是全面性的視角。

往上看：摸大象的背意指用更全面、宏觀的角度觀看，策略是一種觀念（Perspective），是企業對經營的價值觀取向，以及決策者對經營理念的主觀認識。

往下看：摸大象腳趾頭代表微觀的角度。從個別產品來看，策略是一個定位（Position）的概念，指出企業該專攻哪些市場與目標客群。

從「核心面」來看——策略本質脫離不了敵我競爭的心智對抗

從策略本質來看，策略是一種計策（Ploy）。因為不論是競爭或

合作，策略務必會涉及與對手之間的競合行為，免不了會出現與競爭者勾心鬥角，相互博弈。這些行為的屬性就是一種計策、謀略的呈現。

我把剛才各部門主管所講的策略內容，拿來對照閔茲柏格的「策略 5P」。可以發現，雖然大家講的都不一樣，但都算是策略，只是切入角度不同，沒有誰對誰錯。

角度			策略內容
計畫	時間軸往前看	企劃部門	我已擬定三年發展策略，第一年先進入電子商務，第二年結合物流業……
模式	時間軸往後看	管理部門	我們的戰略一向是採大量生產、降低成本，以低價切入顛覆市場……
觀念	空間軸往上看	董事長	我的戰略就是公司必須進入多角化成長，將透過併購，不斷跨業……
定位	空間軸往下看	研發部門	我會採用集中化戰略，高端、重視時尚的女性是最重要的主戰場……
計策	核心面深入看	業務部門	我的戰略是先推出次級產品，混淆競爭者，等他跟進後，我主力立即打入他的核心戰場，讓他防不勝防……

「好策略」長什麼模樣？

既然策略有不同模樣，沒有誰對誰錯的問題，那我就先不講「對或錯」，改為探討「好或壞」。我承認這些都是策略，但你能不能告訴我，那些是「好策略」？「好策略」應該長什麼模樣？

要解釋這個問題，必須先釐清「策略」是如何生出來的。大凡企業面對市場經營競爭，用了很多方法與手段，有人成功，有人失敗。當我們總結這些成功、失敗案例後，往往能歸納出一些「經驗模式」，這就是策略的原型。所以，「策略」並沒有一個標準的操作型定義，它是企業在解決經營問題、成功失敗的過程中，事後總結所產生的經驗與概念。而又因為大家使用策略的時空背景不同，歸結的角度不一樣，所以才會產生閔茲柏格的「策略 5P」，不同角度的概念。

也因此，在研究策略時不要太執著它一定要長成什麼樣子，畢竟策略是要解決問題，有用沒用，絕對是檢視策略的最高指導原則。反而我們更應該在意，這個策略是在什麼時空背景下產生的，可能他只適合在那個情境下使用才有用。因此，與其去追究「好策略」應該長什麼模樣，或想去發展一個放諸四海皆適用的策略，或整理出一大堆「好策略」與「壞策略」的特質比較。倒不如花心思去探究以下三個議題，或許更有實務意義：

議題 1：在不同時空環境下，策略模式如何演變？

議題 2：我們現在處於哪種時空環境下？

議題 3：在現在時空環境下，應採用哪種策略模式？

第二章先討論前兩個議題，等到釐清企業所處時空環境之後，第三章再來全力探討企業該採用哪種策略模式。

二、在不同時空環境下，策略模式如何演變？

管理科學的歷史並不長，從泰勒以科學管理精神進行動作研究開始算起，也不過一百多年而已。而策略規劃被重視的時間又比管理科學來得短，大約五十年左右。我按照時間前後，將五十年來的策略思維轉變切割為策略規劃、競爭策略、動態競爭三個階段，並分析這三階段有哪些不同的環境背景，以及其各自造就出哪些不同樣式的策略形態。

第 1 階段：策略規劃成功關鍵──看得準，努力執行

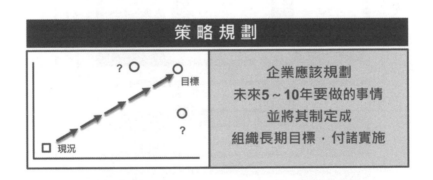

1960 年代，歐美經濟開始大躍進，經濟法規也大幅放寬，市場充斥著許多機會。當時企業要成長不難，只要敢衝、敢多角化，就能

成長。但隨著企業快速擴張，也衍生出許多問題。例如，併購的事業部太雜、差異性太大，彼此市場領域並不相關，導致無法發揮綜效，造成資源浪費。景氣好時還可以承受得住，但當景氣不好時，這些浪費就變得很致命。所以逐漸有人意識到，企業發展不能亂成長、亂擴充，必須要有一個明確的目標，做為未來長期的發展方向。

1965 年，管理大師安索夫針對上述問題提出一個解決方法：差距分析。他認為企業要能永續生存，不能到處亂跑亂跳，必須看清楚市場發展方向，並整合企業資源，朝這個明確目標努力前進。換言之，企業發展要有明確目標做為方向引導，任何事業部門的成立與經營必須要能符合這個方向，才能產生綜效。

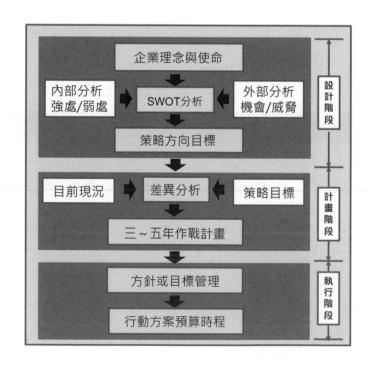

但是，該如何找到這個明確目標呢？安索夫也提出一套策略目標的規劃模型，並將尋找策略目標區分為「設計」、「計畫」和「執行」三階段。亦即，先進行「SWOT 分析」以「自己經營優勢」追逐「外界環境機會」，協助企業找出明確方向與目標！當市場目標明確後，據此訂定至少三至五年的執行發展方案，並落實展開為細部的行銷計畫。事實上，現在許多企業研擬策略規劃，大多還是延續著這個思路。

第 2 階段：競爭策略成功關鍵──集中資源，跑得快

　　隨著資訊傳播速度加快，市場資訊透明度愈來愈高，企業蒐集到的市場情報資訊可能都大同小異。大家參加一樣的產業趨勢論壇，接受相似的管理手法培訓，讀相同的財經報導與刊物。你有的資訊，別人也有；你會 SWOT 分析，競爭者也會。當你用這些管理手法與市場資訊找到一個有前景的好目標，也請不要太高興，因為不會只有你看到，許多和你用相同手法與資訊做分析的同業，可能也都知道了。

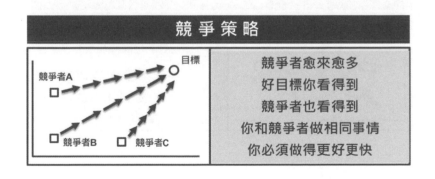

競　爭　策　略

目標	競爭者愈來愈多
競爭者A	好目標你看得到
競爭者B　競爭者C	競爭者也看得到
	你和競爭者做相同事情
	你必須做得更好更快

由於，你和競爭者都看到、也都在追逐相同新目標！這時候，看清楚目標只是生存必備條件，看不準跑錯方向，空耗資源，不用說絕對死路一條。因此，要想生存除了看清目標之外，還必須想辦法比競爭者跑得更快。

那該如何才能跑得快？

策略大師麥可波特正好提出一個競爭策略理論：差異化、集中化、低成本。亦即，要在市場上要與人競爭，要不是成本比人低，或是做的跟別人不一樣，不然就是專心只做某項產品或區域。其中「集中化策略」就是建議企業不要什麼都要做，集中心力，輕裝簡行，專心做一項，做得比別人好，跑得比別人快，就容易成功。所以，這個階段策略的成功關鍵不只要看得清楚，還要「集中資源，跑得快」。

第 3 階段：動態競爭成功關鍵──機動靈活，變得快

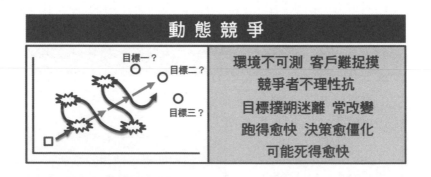

到了第三階段，市場環境又發生變化了！行銷管理大師科特

勒說：「由於全球化和科技化，造成世界經濟產生『連鎖性脆弱』（Interlocking Fragity），讓全球經濟邁入一個『動盪年代』（The Age of Turbulence）」。這幾年來，網際網路、物聯網、人工智慧不斷發展創新，再加上全球化快速傳播，造成整個市場環境劇烈變動，未來趨勢變得不可測。你上半年所訂的目標，下半年很可能就跑掉了。下半年訂的目標，人算不如天算，不到三個月又變成不切實際的目標了。這種連鎖反應造成的環境劇變，讓企業追逐的目標跳來跳去，並對市場產生「質變」與「量變」：

現象 1：市場將出現不預期、不連續的劇烈變化（質變）

每次技術的突破，都讓原有產品生命週期劇烈起伏。以前市場生命週期是引入期、成長期、成熟期，循序漸進的發展步調。但現在可能才剛進入成長期沒多久，立刻出現可取代現有產品的新技術，造成原有產品快速跌入衰退期，甚至像是 2G 手機進化為 3G 手機，數位相機取代了軟片相機，出現完全不同、不連續的第二條生命曲線。

現象 2：市場生命週期愈來愈短（量變）

隨著網路資訊傳遞速度變快，研發人員在網路上能快速獲得相對應的技術資訊，加快了新產品開發速度。此外，消費者也能透明地在網路上搜尋到所需要的消費資訊。傳統生命週期曲線的概念是新產品推出，很多人還不太清楚這個產品是什麼，所以會經過一段引入期的觀望猶豫，以及教育消費者的成長期過程。但在網路時

代，產品還沒推出之前，網路和媒體就已經大幅造勢，大搞「飢餓行銷」，帶動消費者的購買慾望了。這都能夠讓原有的市場生命週期被壓縮得很短。

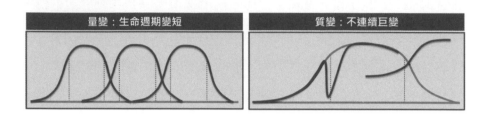

策略演變三階段

綜上所述，隨著環境變化愈來愈複雜，競爭對抗愈來愈激烈，不同的市場環境在不同經營條件之下，自然會演變出適合當下時空背景，具有不同特質的策略思維。我將其總結如下：

第 1 階段：策略規劃

市場有機會，要能找得到。所以你要看得準，努力執行。策略重點在於「明確」。

第 2 階段：競爭策略

市場有機會，大家看得到。所以你要集中資源，跑得快。策略重點在於「取捨」。

第 3 階段：動態競爭

市場有機會，隨時在改變。所以你要機動靈活，應變得快。此時策略重點在「靈活」。

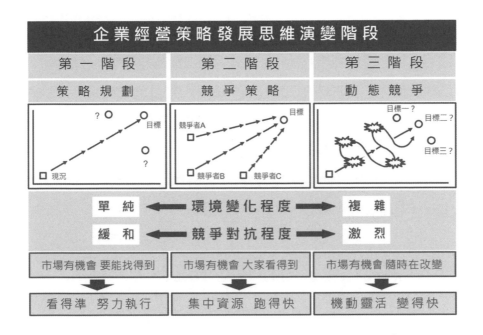

企業經營策略發展思維演變階段

第 一 階 段	第 二 階 段	第 三 階 段
策 略 規 劃	競 爭 策 略	動 態 競 爭

單 純 ← 環境變化程度 → 複 雜
緩 和 ← 競爭對抗程度 → 激 烈

市場有機會 要能找得到	市場有機會 大家看得到	市場有機會 隨時在改變
看得準 努力執行	集中資源 跑得快	機動靈活 變得快

適合環境的策略，就是好策略

回到本章最開始的問題：

策略是什麼？其實策略沒必要一定是什麼！因為在不同環境下，自然會造就出適合當下不同形式的策略。例如在單純、穩定的靜態環境下，「看得準」、「跑得快」是適合當下環境的策略選項。但在變化莫測的市場環境下，要能活下來不在於「看得準」，也不在於「跑得快」。因為計畫永遠趕不上變化，當你跑得快，一遇到環境變化會應變不及。這時候，「機動靈活，變得快」反而是最適合當下環境的策略。

策略有用或沒用？問題不在於策略本身，而在使用者身上。若你能配合環境變化，採用符合當下情境的策略思維，就是有用的策略，

反之就是沒有用！例如當動態競爭時代，環境變化莫測，經營目標常會改變，若你還想套用傳統計畫模式，先進行市場調查，清楚預測市場方向，設定一個明確的三到五年的目標，再拉出一條追求目標的路線，並透過努力執行而獲得成功的機率將愈來愈低了。縱使這種策略方法在過去很成功，但若環境已經演變到動態競爭時代，策略思維成功關鍵必須是「機動靈活，變得快」。此時你若不淘汰舊思維、舊方法，就等著新環境來淘汰你吧！

三、我們現在處於哪種時空環境下？

了解不同時空環境各有不同適用的策略型態之後，接下來要探討，目前我們的企業處於哪個階段？是還在第一、二階段單純、穩定的靜態環境，還是已經進入了第三階段動態競爭時代呢？其實這個問題並不難，因為你只要將動態競爭時代所具備的量變與質變特徵，拿來對比你目前的環境就可以了。

特徵1：量變，市場變化速度太快，市場生命週期愈來愈短。

特徵2：質變，驅動市場變化的因素太多，市場將出現不預期、不連續的劇烈變化。

現況1：量變，市場生命週期愈來愈短

以消費性電子產品為例，1990年開發一個新產品需要耗時35.5個月，到了1995年需要23個月，2000年只需要10個月。不只是

產品開發速度加快，市場滲透與消費者需求轉變的速度也跟著加快。2001 年，Ipod 新產品銷售量達 100 萬需要 40 天；到了 2007 年 iPhone 新產品銷售量達 100 萬台需要 75 天；2014 年 iPhone 6 新產品銷售量達到 100 萬台卻只需要 0.5 天。

由於變化速度太快，企業競爭優勢難以快速調整，也導致企業被淘汰的速度加快。Innosight 諮詢管理公司深入研究企業的生命週期，發現美國標準普爾 500 指數的企業在 1960 年的平均壽命為 61 年，而在 2015 年卻僅剩 18 年。

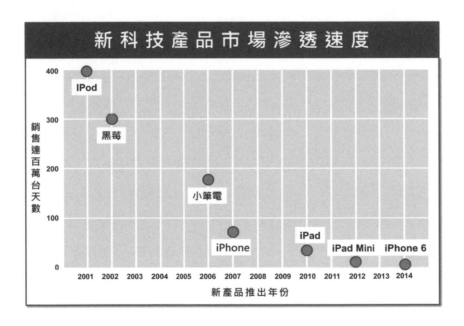

現況 2：質變，市場出現不連續與突變

最近十年來，常在企業界聽到一個名詞：VUCA。

VUCA 是美國陸軍軍事學院在蘇聯解體後，用來預測戰爭情

況的軍事用語。它由四大特點組成：多變性（Volatile）、不確定性（Uncertain）、複雜性（Complex）模糊性（Ambiguous）。在蘇聯解體之前，戰爭唯一起源很明確、很容易預測，一切變動源頭就是蘇聯。但在蘇聯解體後，戰爭起源不再單一，可能是非洲或亞洲，可能是經濟或宗教，起源多變且不確定。這些因素交織在一起，牽一髮而動全身，世界局勢變得高度複雜與模糊，難以分析與評估，所以就出現了VUCA 現象。

不只軍事戰爭會有 VUCA 現象，商場作戰也會。1990 年代，隨著全球化趨勢，市場交互串連。只要市場上出現一個「微小變化」，透過連動、衍伸，就能帶動自己產業或跨產業的長期連鎖反應，甚至使市場演變呈現不連續發展。

例如說「突變性」！以前，一個產業的消失是逐步緩慢。但現在呢？一年不到就能整垮一個產業。過去我們習慣到店面租錄影帶或光碟片。但隨著網路傳輸速度加快，上網就能下載大量影片，導致大家都改在網路上看節目。一個技術性的突破，讓 DVD 出租如此龐大的產業一下子突然消失。

又比如說「模糊性」！不只看不清楚未來方向，連競爭者是誰都不見得能搞得清楚。Ford、IBM、Benz 這些汽車業的競爭者是誰，是其他同樣生產汽車的廠商嗎？他們萬萬沒想到，因為無人車技術突破，競爭者竟然變成了正在發展無人車的 Google。賣口香糖的廠商突然發現銷量大幅下跌，因為以前消費者在排隊結帳時太無聊，會順手拿起結帳台上的口香糖。不料智慧型手機快速普及，大家排隊時都在

滑手機，口香糖就莫名其妙地被排擠掉了。

動態競爭時代來臨了

綜上所述，現代企業同時面臨「質變」與「量變」，這也意味著市場已經進入動態競爭時代了。目前的市場動態是常態、是正常；不變動才奇怪。幾乎找不到任何一個產業，甚至是公營企業，也不敢說他們仍然處於沒有競爭、環境穩定的時代了。

四、動態競爭市場經營曲線

面對動態競爭時代，企業該如何應對呢？我分兩個主題來說明。先探討動態競爭市場到底長什麼樣子，和教科書上常見到的「市場生命週期曲線」有什麼不一樣？第 3 章再來探討想要在動態競爭市場生存，研擬策略的模式該如何調整。

動態競爭市場生命曲線

傳統行銷管理學的市場生命週期理論，將市場發展分為四個不同階段：引入期（emerge）、成長期（growth）、成熟期（maturity）、衰退期（decline），形成一條平滑的市場曲線。其背後隱藏著一個假設：市場可以被預期與準備。引入期之後就是成長期；成長期背後就是成熟期。也因此，企業可以配合市場發展階段，提前調整策略方向與資源配置。

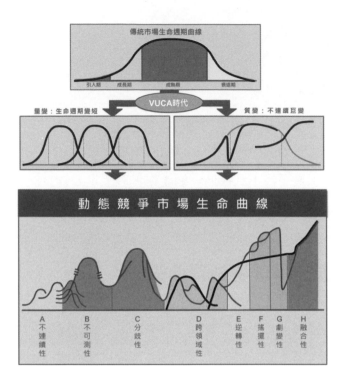

窮山惡水的市場生命曲線

　　但在動態競爭時代，市場曲線受到「量變：生命週期變得愈來愈短」及「質變：市場不連續性及突變」雙重影響之下，不再是傳統市場曲線，由引入、成長、成熟形成平滑發展路線，而會呈現零碎、交織、起伏、斷裂的多元型態，最後形成像是窮山惡水的崎嶇型市場生命曲線。

　　你可以將第一階段策略規劃、第二階段競爭策略想像成在平原丘陵上奔跑。但在第三階段動態競爭，企業卻是在窮山惡水、斷崖深谷上競逐。地形地貌變得截然不同，追逐奔跑的方式絕對會不一樣。在

平原丘陵路途平坦，你可以求快，這呼應了第二階段競爭策略，成敗關鍵是比競爭者跑得更快。但在窮山惡水，地形變化複雜，你務必要求穩、求活，千萬不要貪快。

二十年前我在輔導企業進行策略規劃時，我常常詢問企業主，未來三年你想追求市占率還是獲利率？但我在最近這幾年不再問這個問題了，因為環境變化太快，太突然、太意外，太過於堅持追求市占率或獲利率，只要一遇到環境劇烈變動，往往會應變不及。我常常和學員開玩笑，面對動態競爭環境，你的的經營目標是什麼？我認為不再是市占率或獲利率，而是「求活」，能活下來就很了不起了。

以前看到目標會使出全力往前衝。現在呢？看到目標務必要保留一些實力，不要全力往前衝，以免環境一變化，目標臨時改變，害你措手不及。在窮山惡水裡，狂奔快跑絕對是找死。你永遠要保有危機意識，要預留應變彈性的資源。

動態競爭市場生命曲線的地形

窮山惡水是由懸崖、山谷、叉路、斷路……等地形組成。動態市場會不會也出現這種零碎、起伏的市場地形呢？也會！若我們將動態競爭市場常出現的「突變性」與「複雜性」當作分類的兩個指標，可以很清楚地解釋真實市場可能出現的窮山惡水地形類別：

複雜性：市場生命曲線呈現許多叉路或路線選擇。

突變性：市場生命曲線突然斷裂或劇烈起伏。

按照這兩個指標，可將動態競爭的市場生命曲線變化分類為七種

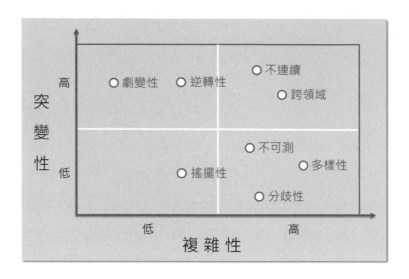

不同市場變化類型：不連續性、不可測性、分歧性、跨領域性、逆轉性、搖擺性、劇變性與融合性。

1. 不連續性地形：市場出現多條不一樣的道路

　　當一項商品或技術隨著引入期、成長期、成熟期的某一階段，往往會出現一個新技術、新模式滿足現有的消費者需求，使得現有消費群轉移到新的市場生命曲線。由於新、舊技術具有截然不同的消費模式，所以這兩條市場曲線不會連續，而會形成「雙 S 曲線」。

遊戲產業不連續性發展

　　例如遊戲產業，隨著網路技術興起，智慧型手機推出，電腦遊戲

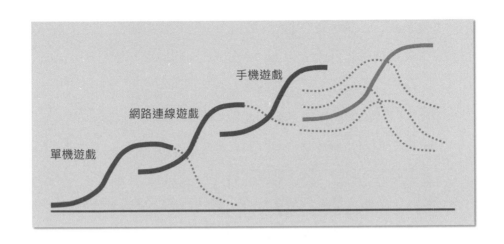

由「單機版遊戲」到「網路連線遊戲」到「手機遊戲」，各自呈現出一段段的不連續市場成長曲線。

許多人小時候都曾經徹夜不眠，在個人電腦上玩單機版桌上遊戲。雖然很好玩，但畢竟是個人與電腦對抗，玩久了總是覺得電腦太笨，沒有什麼成就感。後來網路技術興起，讓許多人可在網路上激烈對抗。再加上網路連線速度愈來愈快，網路遊戲更能提供眩目的聲光效果，玩家可以玩得更刺激、更過癮，於是單機遊戲逐漸沒落。

由於網路遊戲的盈利方式是透過遊戲產品線上營運，依靠「點卡」、「道具」、「啟用碼」（或稱 CD-Key 或啟動金鑰）和一些「增值服務」獲利，完全不同於賣斷軟體的單機版遊戲。因為技術層次、商業模式的差異，也導致單機版遊戲無法平順兼顧與轉移，導致出現不連續性的市場發展曲線。接著智慧型手機出現，其除了通信功能之外，也能以優勢的運算功能提供不錯的聲光效果。在加上大家手機不

離身，更能創造一個隨時可玩遊戲的效益。這兩種娛樂平台的消費群、使用行為及商業模式，可看出兩者價值網是截然不同。

- 消費群：網路遊戲是重度玩家；手機遊戲是普羅大眾。
- 使用時機：網路遊戲必須在較高端硬體設施的網咖或家裡才能操作；手機遊戲是時時能玩、處處能玩。
- 商業模式：多數手機遊戲下載免費，靠用戶購買虛擬寶賺錢；網路遊戲靠購買月卡、點數卡的方式盈利。

　　諸如上述差異，又使得網路遊戲無法平順轉型至手機遊戲的經營曲線，市場又出現另一條不連續的曲線。

猜不出下一個不連續性

　　或許有人會說，縱使市場有不連續性，但只要能看到下一段不連續新曲線出現，預作準備及時跳躍，不就解決問題了嗎？事實上沒有那麼容易！在動態競爭市場演變曲線上，下階段不連續曲線的出現，往往呈現出數量繁多且糾纏不清的新曲線，不是能夠那麼容易清楚判定哪一條曲線最適合跳躍（如上頁圖淺藍線）。聯想總裁杜書伍曾說過：「What's next ？」是的，我們的確是需要跳到下一個不連續曲線上。但問題是找不到明確的 next 啊，畢竟未來新興領域與現在主流市場相比，一定是屬於比較利基型的市場，既然是利基就一定是碎片化。縱使你努力去找，往往是找到一籮筐的 next。所以在面對不連續

關卡時，問題不是要不要去找下一條市場曲線，而是往往有太多條，搞到你不敢大膽押寶，不敢確認到底要選哪一條。

2. 不可測性地形：市場出現一條看不到盡頭的路

傳統市場生命曲線在各階段會維持多久時間，或許可以用過去類似的案例推測出來。但是在動態競爭時代，新技術、新商業模式往往無法依賴過去經驗值做出好推測。再加上影響市場發展的變數非常多，縱使市場成長，也不容易預測能成長多久。邁入衰退期時，也很難預測何時會谷底翻。

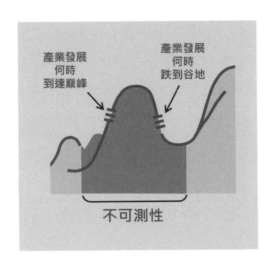

面對潛力產業，你跟不跟？

3D 列印被稱為是引爆「第四次工業革命」的重要技術。你只要

有一台 3D 列印機，在家裡就能印出包括車子、飛機等各種產品。你家就是工廠，世界的生產結構、消費模式從此改變。

3D 列印市場有多大？以研調機構 IDC 的報告來看，2020 年全球 3D 列印市場規模將達到 354 億美元（約新台幣 1.07 兆元）。另外根據惠普內部數據，3D 列印市場從 2013 年到 2021 年會有 30％增長。所以包括奇異、亞馬遜、惠普，包括台灣廠商金寶與震旦等，已有兩百多家廠商趁著這股上昇趨勢，紛紛投入卡位。這些突破都將為該產業拉出一條往上發展的市場曲線。

看得到，不見得能撐到

但問題是你確認能活著、看到這個市場開花結果的那一刻嗎？

由於受限於列印材料技術突破，產業鏈尚未形成，3D 產業起飛速度非常慢。大家都知道這是必然發展的趨勢，不得不事先卡位，然而卻很無奈不知道何時能真正起飛。3D 列印是一條未來必走之路，但卻是一條看不到盡頭的路。要退出不甘願，要留下來資金彈藥又不夠，完全陷入了兩難。

3. 分歧性地形：市場出現多條不同方向的路線

動態競爭的市場演變發展不是一條單純的直線，隨著消費者需求變化與技術分化，不論是處於成長階段或是衰退階段，都會出現差異化發展。所以企業在動態競爭環境下，隨時要準備對分歧的叉路下賭

注，選擇未來的發展路線。

各自差異化發展方向

　　例如螺絲產業一直都是台灣相當重要的創匯產業。但隨著國際市場競爭激烈，再加上歐盟於 2016 年 2 月正式宣布撤銷對中國大陸課徵反傾銷稅，嚴重衝擊了台灣銷往歐洲的螺絲螺帽產品。業者為了因應市場曲線下降的變局，各自在既有的螺絲帽領域分化出不同的發展方向。

　　有業者專攻傢俱螺絲，從提高可靠度著手，打著「零不良率」的高標準，成為 IKEA 最主要的螺絲供應商。有業者往醫療方向發展，從工業用螺絲轉為人工牙根所需的螺絲。有業者看到飛航安全至關重要，任何一顆螺絲都是關鍵，引擎製造商自然有極高的品質要求，因此朝向航太螺絲發展。雖然都還是在螺絲產業生命曲線上發展，但在動態市場發展上，各企業面臨被迫選擇不同的分歧路線。

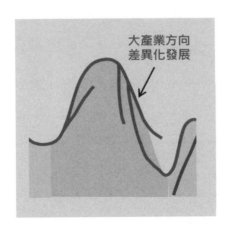

4. 跨領域性地形：市場出現相互交叉的路線

在動態競爭時代，產品技術更新速度非常快。常出現不同產業、不同技術卻可以滿足同樣的消費者需求。再加上，消費者要的不是產品或技術，而是要解決他的問題。消費者隨時在不同產業間，挑選最能符合他需求的商品或技術。這也使得涇渭分明的產業界限變得模糊而且無可定義。所以在動態競爭環境下，企業除了在自己現有的市場曲線上移動，還必須隨時關注跨產業對自己產業的顛覆。

等你被殲滅了，才發現敵人不是同業

跨領域的顛覆分為兩種，一種是致命性，造成產業不可逆轉的演變趨勢，不跟上去就等著被淘汰。另一種是暫時性，對現有產業的衝擊是短時間、階段性，跟上去不見得會活得更好。

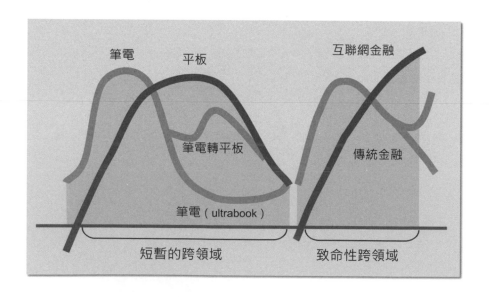

類型 1：短暫的跨領域

筆電是個人電腦市場成長的主要動力，每年以 2 位數成長率帶領電腦產業勇往直前。然而自從 2010 年蘋果推出 iPad 平板電腦後，由於其攜帶方便、容易使用，徹底改變消費者習慣。短短數年間，平板電腦規模快速膨脹。2012 年全球平板電腦出貨量突破 1 億台，2013 年出貨量突破 2 億台。產業界對 PC 未來前景甚感悲觀，許多人提出了「筆電將死」的看法，認為摩爾定律將走到極限，Wintel 不能再驅動筆電成長。

不料到了 2014 年平板電腦激情已過，時間證明筆記型電腦仍有其不可取代之處，螢幕尺寸以及鍵盤與滑鼠搭配是平板最難以抗衡之處。這對於工作上依賴筆電的人士而言，平板仍止於上網及娛樂功能，這也造成平板電腦開始邁入衰退。

就在平板跌入谷底時，筆電開始谷底反彈。筆電在替代品威脅減弱、商務換機及低價筆電帶來的需求下，出貨動能將持續推升。

類型 2：致命的跨領域

2013 年互聯網理財金融掀起一場大風暴，支付寶上線「餘額寶」，新浪的「微銀行」加入戰局，接著微信增加了「微信支付」。由於互聯網金融便利性更高，服務速度更快，幾乎可以滿足傳統金融產業的缺失。以支付寶為代表的互聯網金融蓬勃發展、規模迅速擴大，銀行業存款則迅速下滑，傳統金融遭受互聯網的巨大衝擊與顛覆。

受到這一波互聯網理財金融襲擊，2017 年 4 月韓國花旗宣布關

閉 80% 實體分行，並預估 2025 年全球銀行業將裁員 170 萬人。面對跨業界的顛覆，傳統金融行業不得不順應局勢潮流，許多銀行開始自營電商平臺銷售銀行金融產品，並開啟線上信貸服務。證券業也開始自建網路證券交易營業廳，保險業也開始在網路上銷售保險產品。

短暫的跨領域 vs. 致命的跨領域

「短暫跨領域」與「致命跨領域」不相同！「短暫跨領域」是新時尚、新特色的突破，干擾到現有的產業路線。但現有產業仍然具有許多不可取代、可滿足消費者核心需求的特色。所以時尚一過，消費者還是會回流。但是「致命跨領域」是新技術可用更高的效率、更好的體驗取代現有產業路線，你不跟上去會事態嚴重，只能等死。縱使企業知道有這兩種顛覆模式，但最困難的往往是不容易分辨當下你面對的是那一種。

5. 搖擺性地形：市場出現迴路，繞來繞去又繞回來

動態市場演變發展會從原型出現兩極化差異的功能，再回到兩者兼具，最後形成振盪擺動的現象。整個市場生命曲線呈現分合的搖擺特性。

例如，一開始消費者購買筆電時可能比較重視功能。廠商為了迎合消費者需求，必然會讓功能愈來愈好、效能愈來愈提昇。但是當效能加強後，逐漸會產生另一種市場需求，亦即功能不見得需要太好，但能否時尚美觀一些。於是就產生兩條不同的發展路線。但是當理性與感性的兩極化需求愈來愈極端發展後，也逐漸會出現二者能否適度兼具的聲音。這時又會將市場從兩條不相同的路線，拉回到中間路線。整個市場就在如此振盪搖擺下發展。

這種搖擺振盪現象最常出現在消費性商品的產業。因為產品剛剛發展出來時，消費者要求不高，有基本功能就好。但隨著使用者愈來愈多，消費者總是希望有符合其獨特需求的產品，於是市場開始搖擺分化。但是當兩者愈分愈遠時，開始就會開始尋思如何使兩者兼顧。

6. 逆轉性地形：市場前無去路，卻柳岸花明又一村

產業縱使走下坡、看似沒希望，在變革更新之後也可能有逆勢上揚，再創新成長格局的機會。網際網路興起，網路電商在品質與價格透明化下，消除了消費者購買時的不確定性與資訊缺乏恐慌。這種高效率貼近消費者的特色，也帶動新一波的通路革命。這波技術變化對許多傳統實體通路造成巨大衝擊。

雖然許多實體通路紛紛挫敗收場，但仍有一些聰明的業者整合了實體與虛擬通路，成為「新零售」。其獲利能力反而逆勢成長，更甚於網際網路的虛擬通路。

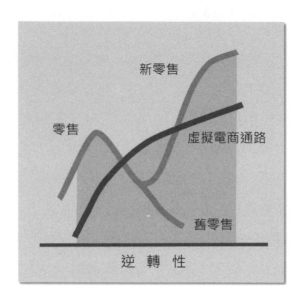

　　例如發跡於中國福州的永輝超市，原本只是一個賣魚的平價超市，但是它聰明地結合了生鮮超市與餐飲，讓消費者到店選取海鮮後，可以立刻指定主廚烹調用餐，但卻只接受手機付款。線下門市透過加值服務取得客戶資訊之後，可以不斷地用美食吸引讓客戶成為熟客，再導引到線上購買，藉此提高轉換率。

　　當電商高速崛起，使得中國大型零售企業增速放緩，2016 年沃爾瑪就關店達 16 家之多。然而創立不到 20 年的新零售代表永輝超市卻能逆勢成長，2016 年淨利成長高達 105%。

7. 劇變性地形：市場出現懸崖與峭壁

　　由政治、法律、技術等外界環境因素所引爆的市場劇烈變化，使

市場演變曲線呈現垂直性的起伏劇變。例如中國的網約車利用互聯網技術，出門叫車不用等待，只需在手機 App 輕輕一點，車子隨叫隨到，網約車以其便利性博得大眾消費者熱愛。之後更在政策推動下，網路預約計程車使用者規模逐年增長。2013 年中國網約車全年規模約 0.32 億人次；2014 年成長為 2.1 億人次；2015 年 2.94 億；2016 年 3.62 億人次。

其中最有名的滴滴打車 2012 年在北京成立，先是打贏在地的百米、易到等競爭者，之後合併快的打車、UBER 中國，最後成為中國網約車領導品牌。直到 2016 年時，滴滴打車占有整個網約車市場 90% 市場占有率。滴滴打車前途一片美好，市場處於蒸蒸日上的成長趨勢。

不料在 2016 年 7 月 28 日，《網絡預約出租汽車經營服務管理暫行辦法》公布，對網約車的軸距、排氣量等規格做出嚴格要求。當時滴滴平台上的司機高達 1500 萬人，但符合此新規定的司機和車輛卻只占總數的 5% 至 10%。新政推出網約車的訂單暴跌一半，就像一盆突然澆下的涼水，火熱的網約車行業驟然降溫。

弄清楚地形，才能做出好策略

地形者，兵之助也。料敵制勝，計險厄遠近，上將之道也。

知此而用戰者必勝；不知此而用戰者必敗。

「地形者，兵之助也。」能掌握地形地貌，方能發展作戰致勝方案。身為一位帶兵作戰的將領，要能料敵制勝，絕對要能熟悉這門學

問。《孫子兵法‧九地篇》將作戰地形區分為散地、輕地、爭地、交地、衢地、重地、圯地、圍地、死地，總共九種地形，而我則將市場作戰地形分為七種。孫子強調帶兵打仗，必須深度了解地形地貌方能致勝。我也強調企業在動態市場作戰，當然也要深刻了解市場地形方能存活。

傳統生命週期曲線在策略規劃與競爭策略階段都還算適用，因為市場演變有規律性、順序性，較能夠看清楚下階段的的市場演變脈絡。因此，誰能跑得比競爭者快，誰將能取得致勝先機。

但是動態競爭時代的市場生命曲線是零碎、斷裂的，企業所面對的不再是平坦的平原丘陵，而是窮山惡水；不是直線車道比賽車，看誰衝得快，而是必須步步為營、靈活應變。這時候傳統策略理論假設市場是明確、可預測、是一條平滑的生命曲線，看得準、跑得快才會贏的觀點，將愈來愈難適用於複雜動態的市場情境。

為將者不可不知天時地利！

孫子兵法講得很直接，「知此而用戰者必勝；不知此而用戰者必敗。」策略發展不能脫離對市場真實現況的掌握。面對動態競爭市場，企業當然更應該清楚動態競爭市場生命曲線的七種地形路線。當地形地貌改變了，企業研擬策略的模式也要跟著改變。

五、以動態思維省思策略的本質

企業需不需要有策略？

還用得著說嗎，當然是需要啊！不然你看，許多企業年底都忙著舉辦「策略共識營」研擬明年的作戰策略，不就說明企業一定要有策略規劃嗎。

訂定策略對企業一定有許多好處吧？

還用得著說嗎，當然是有好處啊！許多管理書籍也都強調，訂出明確策略將有以下三項好處：

1. 確定發展方向：明確的策略能為組織描繪出未來發展的方向與路線。

2. 整合組織資源：策略能讓朝不同方向努力的成員整合資源，朝向共同方向前進。

3. 組織分工明確：明確的策略能讓組織結構清楚，作業分工明確。

然而事情真的那麼單純，答案真的那麼簡單嗎？書上這麼說，我們就這麼相信嗎？不行，若我們無法從不疑處有疑，怎麼能夠打破慣性思維，產生新的視角去面對動態競爭新變局呢？ 所以這一章的結尾就以「質疑」的角度，重新思索一開始我提出的問題：「策略是否有用？」來當作結論吧！

訂策略，對你有利還是有害？

上述策略利益的描述我都不反對，但我還是秉持著一個不變的原則：先確認這些觀點到底適用哪個策略發展階段，再來判斷訂策略到底對企業有利還是有害？我們不妨用動態競爭的角度，重新比對過去

認定的策略三項好處，到底還適用嗎？

省思 1：「確定發展方向」是「活更久」還是「死更快」？

在靜態、穩定的經營環境下，確定一個明確的策略發展方向是非常適用的概念。這就像是打靶，看準固定靶心，一槍射過去就能得分。但在動態競爭下面對的是不確定、不熟悉的環境，靶心會飄來飄去完全無法預測他未來的動向。這時候瞄得快、打得快不見得是好事。

環境高度不確定，企業經營就有如航行在漆黑海面上的船隻，縱使已經設定明確的航線，黑夜中還是會出現很多類似冰山、大浪的變數。甚至你所謂的大方向，也很可能是你想像出來的，不見得真實存在。縱使真實存在，我也寧可先順著確定的大方向慢慢航行，但不要太堅持這個目標，我寧可一次前進一點距離，仔細觀察航行過程中不預期的意外。甚至必要時，發現前方有冰山，我寧可繞遠路迂迴而行。亦即我必須依據近距離的小觀察去修改大方向。這樣不見得能跑很快，但可以隨時適應變化，調整行動方向，反而是好事。

傳統的策略邏輯是強調訂定策略才能走得遠，活得久。但在動態競爭時代，若是太堅持策略大方向，而忽略過程中環境動態變化必須的小修正，訂定策略往往會讓你死得快。

省思 2：「整合組織資源」是好事還是壞事？

靜態環境下訂定策略的邏輯，強調建立未來願景目標，讓組織成員朝向共同方向前進，才能讓資源有效整合。但在動態競爭時代，重

點不在於資源使用效率，而在於不同時間點能順應環境變化，將資源靈活轉移、投注在對的地方；或是環境出現劇變時能夠抽身轉方向，靈活調整資源配置，以避免全軍覆沒。

例如 2000 年數位相機崛起，消費者逐漸接受可隨時拍照、立即欣賞拍照成果的數位相機。照相軟片市場頓時從銷量頂峰以每年 20% 的速度急遽下跌。柯達軟片與富士軟片面對市場變局的因應方式各不相同。柯達堅持在照相市場路線上前進，並不斷投注資源在照相沖洗與後製。他在原有照相沖洗店裡安裝了數位照片列印亭，同時提供更好的照片裱框服務。

富士軟片反而強調分散資源。富士軟片對於數位相機的新技術一直保持極高的風險知覺。他不敢過度押寶賭數位相機的未來，反而開始清點軟片技術還可能運用在哪些領域。富士發現底片技術可以轉移，做為 LCD 面板所必需的各種高性能底板；還發現讓皮膚變得光澤又有彈性的膠原蛋白，其主要成分與照相底片相符合。若能將底片技術切入化妝品產業，應該會有很大的優勢。最後富士決定將資源多角化分散配置，轉移到化妝品、醫療與 LCD 市場。結果在 2012 年相機底片市場徹底萎縮，柯達破產時，富士卻透過分散組織資源，擁有 70 ％ 的 LCD 偏光片市場，並在醫療與化妝品市場大有斬獲，活得好好的。

在動態競爭時代，企業不見得要特別強調資源高效率運用，反而更應該重視靈活應變與風險控管。為了迴避不預期的風險，不要將雞蛋擺在同一個籃子裡。

省思 3：「組織分工明確」更靈活還是更僵化？

在必須看得準、跑得快的靜態階段，組織結構會要求所有人必須要有共同的作戰目標，以達行動協調一致。因此企業多半會透過「方針目標制度」，將高階的目標拆解為下一階段的目標，透過目標一階階往下展開而形成嚴謹的目標體系。這樣的層級式組織體系的確能透過精細分工提昇作業效率，並確保每位成員的努力目標吻合組織總體目標。

但在動態競爭時代，組織結構不見得要追求高效率，跑直線衝刺，而更應該重視迴避風險，靈活應變。這時候效率較低的「模組化組織」與「重複性組織」反而更能夠達到這個目的。

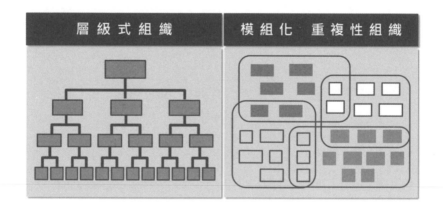

1. 模組化組織：

不強調整個組織均質性相互連結，反而按照商業模式、顧客群劃分為略有異質性的小組織。例如為了追求高效率，的確可以讓各區域的經營模式完全相同。但假如環境有變化，現有經營模式不再適應

時，將會造成組織全面崩盤。模組化概念是讓不同小組織的顧客群、經營模式略有差異。當環境變化衝擊某個模組時，模組之間的差異性可以成為防火牆，將不良影響侷限在有限的模組內，避免危及整個組織。

2. 重複性組織：

模組之間雖然具有差異，但還是會有部分重要運作機制重複，可以相互取代頂替。當某一模組受到環境波及無法順利運作時，其他模組可及時支援。例如模組之間人員相互流動，彼此熟悉對方的經營情況。當某一模組出現人力瓶頸，另一模組可即時接手支援。重複性組織雖然會讓組織疊床架屋，缺乏效率。但也無妨，因為在動態競爭時代求活比求快、求效率來得更重要。

所以，回到剛才的問題：「企業需要策略嗎？」

當然需要啊！問題是，你到底需要什麼樣的策略？

從上述三個省思中可以得知，不是策略沒用，而是策略的內涵必須隨著環境改變。在第三階段動態競爭時代若不修正調整，還是固守舊的思維來研擬策略，最終會對企業產生不利的後果。

影響動態競爭策略的思維變數

回到一開始的問題，策略有用還是沒有用？

誠如我在第一章提到，影響知識理論落地運用的三大干擾因素

有環境因素、競爭因素、反應因素。若我提早五十年出生,那時候提出這個觀點,絕對會被視為神經病。因為當時的市場情境,是處於靜態,這些干擾因素並不明顯、並不存在。但到了第三階段動態競爭時代同時存在「競爭干擾因素」與「環境干擾因素」,過去我們認定研擬策略三大利益,不見得能繼續存在,反而會形成阻礙。

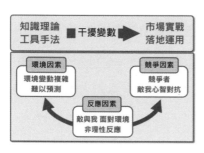

	第一階段 戰略規劃	第二階段 競爭戰略	第三階段 動態競爭
環境干擾 因素	無影響	無影響	有影響
競爭干擾 因素	無影響	有影響	有影響

若你在實務操作過程中發覺策略沒有用,不要怪策略方法有問題!反而應該省思,環境在變、市場在變,你做策略規劃的思維模式與手法是否有跟著改變。當市場進入了動態競爭階段,你還是採用適合靜態環境的手法,那就不要抱怨,為什麼苦幹實幹還是沒有績效,還是沒有競爭力。

第 3 章

市場變化，內在或外在

這一章我想和大家探討，面對窮山惡水的市場情境，如何調整「思維面」與「方法面」，進而研擬出能在複雜多變動態市場作戰成功的策略。

如何在動態競爭的新市場時代，做好作戰計畫呢？

我建議一開始不要老是想套用知識理論或工具手法，因為這些依據過去靜態環境下的商戰案例所衍生出來的知識理論，不見得能適用於現代動態競爭情境。過去市場循環有一定週期性，景氣下滑後接著會上揚，所以企業可以用等待的方式來因應，撐久了總是會等到上揚，總是會看到生機。但在動態競爭的窮山惡水環境下，景氣不見得會重複循環，可能是斷裂的懸崖。景氣下滑後，你可能遲遲等不到恢復上揚的趨勢，反而是繼續、繼續、再繼續滑向不見底的深淵。這種巨大震盪，以及超乎預期的市場不連續，都會讓企業經營者心智崩潰。

也因為動態競爭市場與前兩階段差異甚大，不像手機從 3G 變成 4G，只是速度變得更快、功能變得更多而已；反倒像是底片相機變成數位相機，翻天覆地的變化。所以我們不能只補強舊工具手法，就覺得足以應付新時代、新變局。我建議大家應該全面性從「內在思維」到「外在實作」，徹底重新省思翻轉。用全新的面向和視野來思考，如何面對動態市場作戰。

一、動態競爭思維轉型 3 步驟

一位賽車手想轉行成為開山路的貨車司機，他不需要再學開車技巧，反倒要讓他忘掉過去的飆車經驗。一樣的道理，習慣在第一、二階段平原丘陵市場曲線飆車的企業，要轉換為第三階段窮山惡水市場曲線，我建議要以「覺醒、清空、轉化」三步驟謹慎轉型。

覺醒：先搞清楚靜態與動態環境完全不相同。

清空：把過去靜態環境下所累積的經驗先擺一邊。

轉化：重新建立動態市場操作的思維與手法。

思維轉型步驟 1：覺醒——認清動態與靜態的重大差異

面對不可知的未來，最主要的挑戰不是敵人，而是自己的腦袋。面對新的市場變局，不要埋怨找不到有效的作戰模式與手法，而是你放不掉過去的成功經驗與典範。請從覺醒開始，認識靜態與動態的重大差異，驅策自己認清動態市場的特質。

傳統生命週期背後三層意義

「市場生命週期理論」是許多企業進行策略規劃、行銷計畫時，最常引用的管理模型之一。它將市場發展演變依序區分為引入期、成長期、成熟期⋯⋯等過程。在這個過程背後，也突顯出市場發展具有「次序性」、「預測性」、「自主性」三層意義。

■次序性：

引入期結束後會進入成長期；成長期過後，就會進入成熟期。中間或許會有一些小波動，但基本上次序不會顛倒。因為市場發展具有次序性，正好提供企業研擬市場作戰計畫之依據。

■預測性：

因為市場生命週期具有次序性，企業可以預測下階段市場經營情境，以及可能遇到的問題。因此可以提前做準備，進而比競爭者更早掌握市場發展脈絡，取得競爭優勢。

■自主性：

市場生命週期不同階段經營重點與所需資源條件各不相同：引入期要有摸索市場的能力，成長期要能快速拓充市場資源，成熟期要能鞏固市場，尋求獲利。企業可以評估自身條件量力而為，尋求適合切入市場的時機，並規劃適合的步調與速度。你若資源不如人，可以考慮先搶占有利位置，最好在引入期就趕快進入。若擔心風險過高，可讓別人先嘗試錯誤，不如在成長期時再投入。跑得快、跑得慢，何時跑、何時停，你可以自主調控。

動態競爭市場三道覺醒

由於市場生命週期具有「次序性、預測性、自主性」，其象徵著企業研擬市場經營策略，可以透過分析、預測、進而掌握市場脈動，發展作戰計畫。因此規劃作戰方案並不是難事，這是一個可被企業按照其自主意識而主導的管理行為。但令人遺憾的是，這種情況在第

一、二階段靜態、穩定市場環境下是合理的，但在第三階段：動態競爭時代，上述這三個特性基本上都不存在。

覺醒 1：預測性不存在——戰爭迷霧讓企業看不清楚未來

講到可預測性，不得不連結到一個名詞：「戰爭迷霧」。其意思為戰場上由於缺乏足夠資訊與情報，無法掌握戰場地形地貌，導致無法精準判斷敵方的分布情況及動向。換言之，戰場上的決策基本上都資訊不充分。就像我以前常玩的即時策略遊戲「魔獸爭霸」，如果有一張明確的地圖，能告訴我目標在哪裡，沿途會遇到哪些魔獸，哪裡有山，哪裡有河，那麼要做出策略並不難（如圖 A）。但真實情況，遊戲一開局往往只能看到自己村莊周遭一小塊區域，其他空間都處於戰爭迷霧。

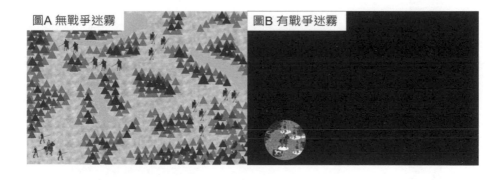

圖A 無戰爭迷霧　　圖B 有戰爭迷霧

同樣的，在動態競爭時代，環境複雜、資訊不足，也會讓企業研擬策略像魔獸爭霸一樣出現「戰爭迷霧」。曾經有人用四個字來形容這個時代有四項技術突破：大智移雲（大數據、智能製造、移動通訊

與互聯網應用、雲端技術）。這些新技術將為世界帶來什麼樣的重大變革與演變？沒有人曾經有過經驗，也沒有人敢打包票指明未來的明確方向。亦即，「戰爭迷霧」會讓市場發展的可預測性變得非常低。

或許我們能憑著推理、想像往前推論，但大約只能往前猜測一小段時間，真的要看清未來中長期的全貌是不可能的。就如下圖所示，在戰爭迷霧中，你頂多只能往前預測一小段時間。所以市場作戰會像是摸著石頭過河，逐步探索，永遠無法窺清長遠未來的全貌。這也是身處動態市場的企業必須認命、接受與克服的課題。

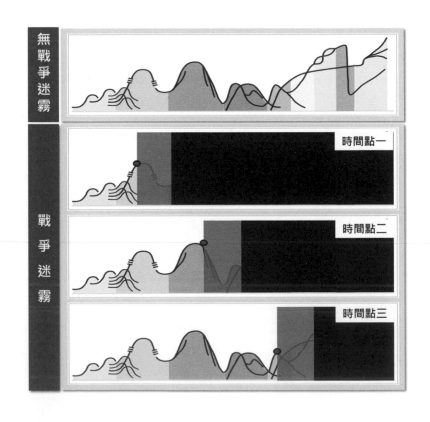

覺醒 2：次序性不存在―不知道下――階段會面臨什麼考驗

　　當然，引入期、成長期、成熟期的長度不一，但基本上次序不會變化太大，最起碼不會倒著來，從成熟期進入成長期。

　　但是到了動態競爭時代，企業會像爬山一樣，經過的一道道關卡並不會按照先後順序出現。一不小心技術突破，「跨領域性」就冒出來。消費者愈來愈精明，需求差異性愈來愈明顯，「分歧性」又冒了出來。這些關卡像是突如其來的懸崖深谷，沒有絕對誰先誰後的必然順序。第一、二階段市場生命週期，從引入期、成長期、成熟期，演化過程有順序，可讓企業及時調整經營目標與經營策略，並準備所需資源。但在第三階段動態競爭時代，無序出現的市場演變往往讓企業只能等待未知的挑戰，無法預測，無法提前預備未來的策略變化。

覺醒 3：自主性不存在——如何應戰，何時應戰，由不得你決定

傳統策略思維強調謹慎小心、理性分析，依據強弱勢走適合自己的路。但在動態競爭時代，可沒那麼多機會讓你謹慎小心。市場上若只有你一個人在跑，你可以自行決定要跑得快還是慢，走累了要不要休息，皆可自主決定。但在動態市場，一群人在同一條路上前撲後繼，到處都是競爭同業搶錢、搶糧、搶資源，你想停都不見得停得下來（如下圖）。一旦走得慢，就會失去爭奪下一階段競爭資糧，而喪失存活機會。

傳統做策略，常常要求「謀定而後動」、「不打沒把握的戰」、「大軍未動糧草先行」。這些傳統策略原則，在動態競爭時代都將成為口

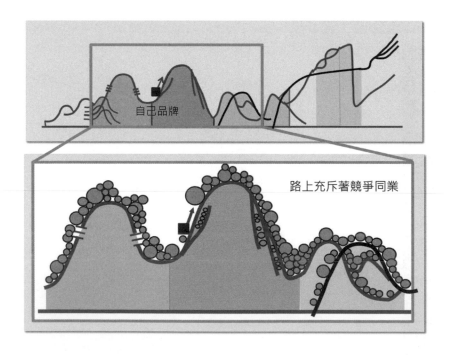

自己品牌

路上充斥著競爭同業

號。「謀定而後動」有可能嗎？難啊！你想理性，卻碰到一堆瘋子往前衝，一個人也理性不起來。「大軍未動糧草先行」可能嗎？難啊！競爭者都跑去搶占市場了，縱使沒糧草你也不得不追。所以動態競爭階段企業作戰最頭痛的，不只是必須「與狼共舞」，甚至必須與瘋子共舞，與不要命共舞。

人在江湖，身不由己

　　觸控螢幕的市場演變就是一個活生生的動態競爭作戰類型，一個令你無法預測、無法自主，只能做出有限理性、賭徒式決策的案例。2009 年，當觸控螢幕業者大多生產用於 PDA 及翻譯機的「電阻式觸控螢幕」時，宸鴻（TPK）孤注一擲，率先投入大家並不看好的手機觸控螢幕「玻璃式觸控面板」。後來這種面板被 iPhone 3GS 採用，隨著 iPhone 上市熱銷，宸鴻搶得先機，成為手機觸控螢幕的獨家供應商。

　　到了 2012 年，蘋果 iPhone 5 改用「內嵌式觸控面板」。由於技術走向不同，意味著宸鴻七成的玻璃式觸控面板訂單將就此消失。面對如此巨變，宸鴻看到另一個救命商機。微軟與英特爾正在規劃將玻璃式觸控面板安裝在筆電螢幕上。根據內部估算，筆電觸控面板的毛利率比手機來得高，而且筆電螢幕面積比手機大。若觸控筆電銷售量與手機相同，其需求量將會是一個天文數字，完全可以彌補 iPhone 5 手機訂單流失的缺口。

　　當然，看得到商機，並不表示商機真的會出現，而且這是重大投

資，風險非常高。宸鴻很謹慎，內部對於是否要一次投入那麼多資源追逐這個商機，還是有很大的質疑。然而，就在微軟與英特爾都和宸鴻簽下每月進貨的保證書，並且經過半年的市場觀察，觸控筆電的市場滲透率確實由 0% 成長到 10%。最後宸鴻下定決心，全力投入這個新市場。

不料這個決策最後慘敗收場。2015 年宸鴻的第三季財報淨損近新台幣 194 億元。宸鴻從過去台股獲利王跌落，創下台股上市企業單季最大虧損紀錄。在第三季法說會上，宸鴻董事長說了一段耐人尋味的話：如果以現在的時間點去看 2012 年，當然會覺得「這個錯，那個也錯，的確是不該對客戶談的未來市場太樂觀」。但問題是，當時大家都準備進入這個市場打仗了。京東方、勝華都開始投資筆電用的觸控面板產能；鴻海旗下的業成，中國的歐菲光也開始殺入市場了，宸鴻怎能不參戰呢？若不立刻投入，又如何能保住現有的領先市場地位？就是在這種氛圍下，再多的理性分析也止不住宸鴻被逼著不得不往前衝的壓力。

書本教我們要理性分析，學校告訴我們要慎重評估。但是當市場上競爭同業一起追逐，一起競跑，往往會讓企業變得賭性重於理性，搏命重於保命。縱使經過理性分析你應該停頓、休息一下，但是看到同業都蜂擁而上，最後你還是不得不衝上去拚命。因此，真正操控你做策略的主導力量，不完全是書本所教的理性分析，反而是面對外界壓力下，不得不往前衝的從眾心態。

思維轉型步驟 2：清空——放掉過去成功典範與慣性經驗

我們一直習慣用 PEST 分析做市場環境分析，拿 SWOT 分析發展策略。

我們一直以為市場演變有次序性、可被清楚預測走向、可自主決定作戰進度。

但在動態競爭時代，這樣的方法將愈來愈行不通，企業不能再用舊工具解決新問題，而需要具備面對新變局的新思維。想要引入新思維，你必須先清空過去在靜態環境下所培養的思維模式與成功經驗。

在靜態環境下，過去成功的方法可以複製，繼續使用還是會成功。但在變化莫測的動態競爭環境下，過去有效方法、成功經驗，若持續使用不只不會產生相同效果，反而會帶來痛苦的失敗。針對這個議題，我不得不提到兩個重要的兵法運用概念：「戰勝不復」與「百勝必敗」。

何謂「戰勝不復」？和對手對抗，打勝戰的方法不會重複有效。

何謂「百勝必敗」？我們琅琅上口「百戰百勝」，但在兵法運用上沒有百戰百勝這回事，只有「百勝必敗」的必然。亦即你一直重複使用舊的方法，不只不再有效，還會導致崩盤與失敗。

致命傷 1：戰勝不復

《孫子兵法·虛實篇》：「故其戰勝不復，而應形於無窮。」每次作戰取勝的方法都不相同，應該適應敵情而無窮變化。「戰勝不復」是兵法裡非常重要的概念，教導我們不能守舊，不能用過去成功經

驗、有效方法，就想在變化莫測的動態競爭市場裡取得相同的成功結果。

就以「競爭對抗」來看，當你用某一招式成功攻擊競爭對手之後，未來這一招依然有效，就只有在競爭者沒有學習能力，或是你能夠將對手一招斃命時才會出現。但是動態競爭往往是敵我多回合的相互出招對抗，你攻我守，你守我攻，之前的成功招式會因為下列情況失效。

■失效模式1：對手由學習而進步

對手遭遇你多次打擊之後，已經知道你的招式了。他會透過模仿或學習，克服自己的弱點。你再使用同一招，效果就會大打折扣。例如零售業推出購滿3000元送點券，第一次推出效果非常好，打得競爭同業措手不及。競爭同業知道送點券這一招不錯，沒多久也推出更具吸引力的送點券方案，導致你第二次採用「送點券」的打法，也無法像第一次一樣具有殺傷力了。

■失效模式2：對手想別的招式反擊

對手受到你某一招攻擊之後，如果他無法模仿或學習，將會衍生出其他招式，從另一個角度對你反擊。例如：你的競爭武器是產品設計美觀時尚，吸引了大眾的目光與喜好，攻擊效果很好。競爭同業自認無法在設計美感上與你競爭，就改以產品功能特色為武器，鞏固重視此實質功能的消費群。

■失效模式 3：對手改變競爭規則

對手在沒有優勢的情況下，會想辦法改變競爭規則，使你原來的優勢武器失去著力點。例如：你不惜犧牲毛利，率先降價。同業乾脆宣布不是低價，而是免費。他不跟你玩價格戰，直接改變商業模式，玩「羊毛出在狗身上，豬買單」的遊戲。透過免費快速積累客戶數量，並藉由消費者使用過程的廣告投放，賺廣告商的錢。如果你再度使用相同的「平價招式」，將不會起太大的作用。

■失效模式 4：對手偽裝，引誘你犯錯

對手被你攻擊，摸清楚你的出招位置與時間點之後，他開始裝傻，假裝還搞不清楚你的招式，但卻暗中在思考、準備反擊你的方法。戰場上有句玩笑話，你第一次被打，是你不小心；第二次被打，是你笨；當你第三次還被相同招式打，那是故意引誘對方來打你。前面三個模式只是讓你再次使用相同招式時失去效果，但這第四個模式是讓你使用相同招式一不小心就喪命。所以主導市場作戰的決策者特別要小心啊！千萬不要一直相信過去的成功手法在未來也會成功，最後很可能會要了你的命。

致命傷 2：百勝必敗

《孫子兵法・謀攻篇》：「知己知彼，百戰不殆。」殆就是危險，不殆意謂「沒有失敗的危險」。意即，透澈了解敵我雙方情況，打起仗來就不會有危險。但吳子兵法卻講「百勝必敗」，在戰場上你出招

獲勝，很好啊！再出同樣的招式又獲勝，很好啊！又再出一次再獲勝，更好啊！如此一連串勝利帶來的結果，往往就是失敗。因為縱使招式一樣，但環境會變，相同招式在不同的環境下運用，往往會帶來不一樣的結果。亦即，第三階段動態競爭時代，你若一直循著過去成功經驗與習慣性打法，早晚會失敗。

例如晶片設計產業的聯發科，2000 年以來從電腦周邊 IC 設計轉攻消費性電子晶片，全球市占率第一；2004 年轉型改拚功能型手機晶片，也取得中國逾七成手機市場；2011 年第三次轉型，推出智慧型手機晶片，成為全球第二大供應商。一次次轉型成功都是採用「快老二策略」：他雖然不是第一個研發出該產品的廠商，卻利用快速模仿市場領先品牌，並把生產基地轉移到更便宜的地方，經由大規模量產，提供更便宜、效能更好的產品搶攻市場，擠入前二名的市場地位。

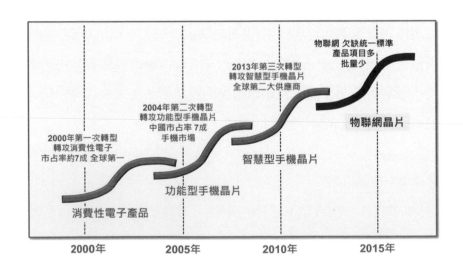

然而，這種模仿對手讓自己功能做更好、價格壓得更低的「快老二策略」，到了物聯網時代卻失靈了。為什麼？因為這個策略要能成功，背後必須有兩項前提：其一，要有可模仿的對象；其二，產品被你模仿後還有二、三年的市場成長，不至於立刻衰退，不然模仿後市場即刻消失了，模仿就沒有意義了。

　　聯發科前三次轉型，從轉到消費性電子晶片，到功能型手機晶片，再到智慧型手機晶片，這三種產業都符合上述兩種前提。但是到了物聯網時代卻行不通。因為物聯網是個全新產業，大家都還在未知方向中摸索，說不上誰具有絕對領導地位可模仿與追趕。不像過去PC時代，可模仿的領導者是英特爾與微軟，手機時代晶片龍頭是高通，但是物聯網時代突然沒有可模仿的對象。再加上物聯網使用的範圍非常廣泛，汽車與手機、電器與房屋……等，各種物與物之間都能透過物聯網連結。也因為範圍廣泛、種類繁多，單一種物聯網產品所需的晶片需求量都不大，一次訂購幾千片已算了不起的數量，不像過去功能手機或智慧型手機晶片，一次客戶需求量動輒數十萬、數百萬件。也因此，聯發科過去透過大規模產量，提供更便宜產品的快老二策略，頓時失去了效果。

思維轉型步驟 3：轉化──學習動態決策思維，面對新變局

　　思維決定行動，決定看事情的角度，想事情的方法，這都會影響後續的成敗。

　　從「戰勝不復」及「百勝必敗」可得到一個啟發：第一、二階段

所衍生的成功經驗，到了第三階段必須重新調整。過去我們習慣從經驗值衍生面對未來的操作模式，在靜態環境下繼續採用應該還是能夠成功，但在動態變化的環境裡就不一定了。所以，不要僵化死守著過去的成功經驗，而必須思考未來市場情境與過去有何不同，再進行作戰方案。

調整 1：從直線思考轉為情境思考

所謂「直線思考」就是循著一道程序與流程找到答案。

所謂「情境思考」就是找出適用知識定律背後的影響因素，同時盯緊此因素。一旦它產生變化，我們就立刻調整操作方法。

有本策略書《好策略，壞策略》，闡述了許多辨別策略好壞的原則。書中認為：

壞策略有四個特徵：說空話、不直接面對挑戰、把目標當成策略、糟糕的策略目標。

好策略有三個特徵：策略聚焦、揚長避短、戰術協同。

許多朋友拿到這本書後，除了推薦我閱讀之外，也積極組織讀書會深入研究。當時我並沒有參加讀書會，因為我讀書的目的不是想學會一套好策略與壞策略的分類方法。我反而想了解，這些好壞策略各適合用在哪種市場環境，以及其背後的影響因素，這就是情境思考的邏輯。

任何一個公式定律，一定有它背後適用的情境、前提與條件。在動態競爭環境下，現有方法與定律是否適用？不用猜，請先找出這個

公式定律適用的情境變數，然後對照目前所面臨的市場情況。情境變數相符合，就大膽地用，否則就務必強迫自己更改方法。

例如：《好策略，壞策略》這本書裡講到，好策略必須是「策略聚焦」。

請問，好策略一定要聚焦嗎？第二階段競爭策略，聚焦可集中資源，跑得快。但到了第三階段，目標跑來跑去、跳來跳去，如何聚焦啊？與其聚焦，不如打散彈，反而更能提高命中機會。換言之，「策略聚焦」是方法定律，但是不要太堅定相信，反而要先釐清「策略聚焦」適合目標明確、目標不易更動的情境變數。接下來，你再比對現在所面對的市場作戰環境，是否符合這兩項情境變數。若不符合，就不要理他什麼「策略聚焦」。

又例如：好策略一定要揚長避短嗎？

在策略規劃時代，做好 SWOT 分析是揚長避短的最重要精神。

但是動態競爭是戰場紛亂的叢林戰，敵人是誰不見得能看清楚。可能是你眼前的同業，也可能是躲在樹叢裡，隨時準備暗算你的異業者。當敵人是誰都說不清楚時，該如何做 SWOT 分析呢？ 你又要跟誰比較 S（強處）與 W（弱處）？

所以，在動態競爭時代打戰務求靈活，而要想靈活，就不要被公式定律約束拘絆。讀書聽課學策略，是要讓自己變得更靈活、更有用，不是要找一個看起來很漂亮的枷鎖，把自己套起來，讓自己變成講策略頭頭是道，但打起戰來迷迷糊糊的人。因此，未來看到任何一個策略理論，比如藍海策略、長尾理論……等等，一定要倒推回去，找出影響其成功的背後情境因素，並判別這個理論適用於哪一個作戰情境。這就是從「直線思考」轉變為「情境思考」的精神。

調整 2：內容不是重點，選擇才是關鍵

情境思考是一種讓自己變得更靈活、不會僵化的決策思維模式。重點不在於遵循公式定律，而是找出公式定律背後的前提條件，並配合現有環境調整決策內容。一般公式定律所傳達的概念是 what（方法是什麼）和 how（如何操作）。例如，「好策略就是要揚長抑短，就要聚焦！」這就是「what 與 how」提供一個方法讓我們依循。但是情境思考重視的不是方法，而是影響方法背後的情境變數。亦即 when（在什麼時間）、where（在什麼地方），這個方法才能夠適用。一般讀書聽課，我們所學會的公式與定律屬於「what、how」層次。但我們不太會去探究這個公式定律是在什麼前提之下，被推論、設計出來。

不細究何時、何處適用，只是單純學會套用公式定律，這就像亂吃藥會拉肚子的道理一樣，往往未受其利反受其害。

例如：人蔘是好東西，但想要讓身體健康一定要吃人蔘嗎？錯了，中醫有句話「虛不受補」，當身體非常虛弱的時候，想要他健康，不可以給他吃高滋補的人蔘。因為他的腸胃還不夠健康，無法吸收這些養分，吃了反而會害他拉肚子。這時候應該給他一些稀飯，先改善他的體質，之後才能吃人蔘。所以，吃人蔘就是「what、how」，食用者體質是否虛弱就是「when、where」。

同樣的道理，平常公司策略會議上，我們對成功典範或經營鐵律琅琅上口，例如「兵貴神速，天下武功惟快不破」、「站在風頭上，豬都會飛」、「攻擊是最佳防禦」。這些經由過去成功經驗所歸納出來的知識定律，都屬於「what、how」，在動態競爭環境下都必須找出他的情境變數。

What、How：如何打快，如何打慢，這是基本功的學習。

When、Where：何時打快，何時打慢，這是決策者不可先傳之祕。

例如剛才提到的「兵貴神速」，請問市場作戰一定要求快嗎？不一定，有時候「快」很棒，但有時候「慢」才能保你平安。就有如籃球賽，當你搶到籃板球準備回傳時，突然被團團包圍，這時你必須謹慎小心，處處做假動作，尋找機會脫離包圍圈。這時候速度千萬不要快，慢一點、求穩。但是當你突圍了，前方無人阻攔，這時就必須拚命往前衝，此時你必須快，愈快愈好。

下次會議時，只要有人提出哪些不錯的招式時，你不用客氣，就

直接問他：「你這方法適用在什麼情況？」他要是答不出來，想必就是思慮不周，只知其一不知其二。

動態競爭時代戰將的模樣

> 夫兵形象水……水因地而制流，兵應敵而制勝。
> 故兵無常勢，水無常形，能因敵變化而取勝者，謂之神。

在靜態環境裡，過去市場環境與未來大致相同，情境變數「when、where」也相同，你直接照著公式定律的「what、how」來做就可以了。由於「when、where」可以忽略不計，結果長久下來大家都習慣拿「what、how」來套用，而逐漸忽略了情境變數「when、where」的存在。但是現在市場情況不一樣了，是動態競爭時代，環境在變、市場在變，你若不搞清楚「when、where」，我猜你在市場上應該活不了多久。

孫子兵法形容用兵之法像「水」的流動。「水無常形」，水沒有一定的形狀，它要往東或往西流，端視地形而定，而這地形就是情境變數。動態市場作戰也一樣，市場作戰「快」比較好？還是「慢」比較好？重點不在「what、how」，而在於「when、where」。到底是「快」比較好，還是「慢」比較好？只要在正確的時間地點，採用了適合的方案，它就是好策略。

換言之，身為動態競爭時代的戰將，學會「when、where」會比「what、how」更加重要。學習重點不完全是「內容」，反而更需要加強「選擇」。因此，我建議大家應該時時刻刻做好這四件事：

1. 盤點過去成功經驗：過去學習過哪些知識理論，累積過哪些實戰經驗？

2. 找出情境變數：這些知識理論、實戰經驗是在什麼情況下才適用，他的成功前提與假設是什麼？

3. 比對未來情境差異：這些前提假設在未來市場上還存在嗎？有哪些不同之處？

4. 修正過去成功模式：若有差異性存在，就必須修正調整過去的成功經驗。

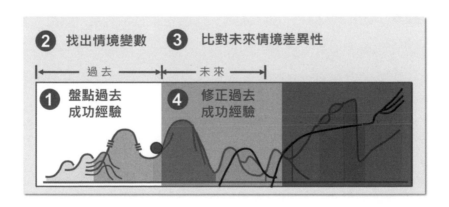

例如：台灣景碩科技是 IC 載板領域的領先者，2010 年他的 EPS 曾高達八元。過去在智慧型手機市場快速成長的年代，景碩的成功方程式是靠著三步驟攻城掠地：「更早看見商機、布局新趨勢、靠攏大客戶」。亦即抓準市場潮流方向，提早備齊所需研發技術與生產能量。等到時機成熟，市場出現類似高通、蘋果等手機大品牌時，立刻以技術領先者的姿態靠攏，成為他們的供應商。因為他們抓市場潮流很準，往往能夠比競爭者提早半年到一年布局，所以常能享受高毛利的成果。

　　但是到 2017 年後，它的 EPS 卻摔落到僅剩一元。最主要原因是 5G 相應而生的物聯網、車聯網……等新市場出現，其產業特色和過去不一樣，這些市場技術發展速度慢，前景變得模糊不清，不容易看清跑道的模樣，也不容易猜透何時市場開始起跑。過去靠成功三步驟「提早看見商機、布局新趨勢、靠攏大客戶」，但如今光第一步「提早看見商機」就出現瓶頸，也因為無法比競爭者更早看見新商機，需要多花時間觀望，但是追隨者的速度還是一樣快。這導致於過去透過跑得快，比競爭者能有半年到一年提早布局的成功模式已不復存在了。

　　我們可以用這個例子對照上述四點注意事項，就很容易搞明白，如何用情境思維做出靈活的市場作戰方向：

1. 盤點過去成功經驗：更早看見商機、布局新趨勢、靠攏大客戶。
2. 找出情境變數：市場未來發展方向必須清晰，不能模糊。
3. 比對未來情境差異：未來 5G 相應而生的物聯網、車聯網的市場技

術發展速度慢，前景變得模糊不清，不容易看清跑道，也不容易猜透何時市場開始起跑。

4. 修正過去成功模式：必須改變作戰手法的時刻到了。

　　動態競爭市場戰將的成功關鍵不在於資源多寡，而在於對環境敏銳的洞悉、省思與覺悟。與其說這是一門技術，倒不如說是一種修煉。要做得好，不只是技術手法，更需秉持開放心態，不被過去經營模式、成功經驗束縛，才能看透未來新變化。

二、建構動態競爭實作新模型

　　當環境進入動態競爭階段，除了思維模式改變之外，更應該檢討舊手法的適用性。企業在研擬策略計畫時應依據動態市場所具有的「戰爭迷霧」現象，發展出能解決「環境隨時變動」以及「看不清方向、瞄不準未來」的新模型。

靜態模型無法解決「戰爭迷霧」

　　目前許多企業研擬策略、市場計畫，大多是按照下圖的流程進行分析。從「企業理念使命」著手、整合內外部資訊、進行「SWOT 分析」、並推導「策略方向目標」。之後比較「策略目標」與「目前現況」的「差異分析」，找出「三至五年作戰計畫」，透過「方針目標管理」，將策略展開成各單位細部執行計畫。這些流程背後隱含著許多

靜態思維的假設。然而只要一進入動態環境中，「戰爭迷霧」將使這些假設都難以成立。例如：

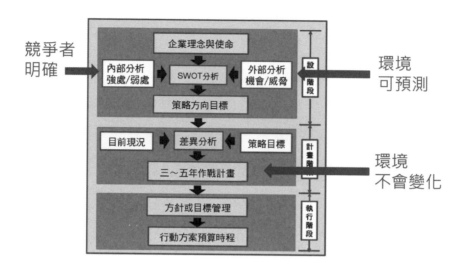

■內部分析之強處與弱處

要進行強弱處分析，要有能夠相互比較的競爭對象。但是在動態市場裡，競爭對手常常在改變。就像叢林戰一樣，競爭者可能在你面前跑來跑去，也有可能是躲在暗處看不見。你可能分不清楚到底和誰競爭。所以強弱處分析的競爭者可能不是你將來作戰時的真正競爭者，最後白忙分析一場。

■外部分析之機會與威脅

要做好環境機會與威脅分析，必須要能夠預測未來市場走向。但在動態市場，新技術、新突破出現速度很快。AI 人工智能、5G 通

訊、物聯網未來會如何演變發展，沒有人經歷過，更不用說要能清楚預測。在對未來沒有經驗值的情況下，你又怎能想得清楚這些新事物、新變局所產生的機會或威脅呢？

■三至五年作戰計畫

「三至五年作戰計畫」要具有可執行性，其前提是未來環境如你預測的方向發展。但在動態市場裡，變化是常態，不變才奇怪。市場頻頻出現的環境巨變，往往會讓你感嘆計畫趕不上變化。當然計畫執行過程有誤差不是不能修改，但修改過於頻繁，還不如不要訂定這不切實際的作戰計畫。

建構一個動態競爭新模型

在動態競爭市場，該如何研擬作戰計畫呢？

學習實作手法的最終目的就是要能解決實戰問題，所以手法的運用也必須配合市場環境變化而調整。「動態競爭」這四個字可拆解為「動態」與「競爭」兩個概念。其中「動態」是指市場環境的動態變化，「競爭」是指敵我雙方的競合對抗。研究「動態競爭」必須同時考慮這兩個概念的交互影響，才能解決市場作戰問題。

若你只考慮「競爭對抗」，卻忽略「市場動態」，縱使打贏了對手，也有可能因為忽略了市場大方向，而不幸被環境淘汰。若只考慮「市場動態」，縱使走在符合市場趨勢的路線上，也很容易因為忽略了「競爭對抗」，而被競爭對手排擠出市場。所以在建構「動態競爭新模

型」時，一定要同步整合「市場動態」與「競爭對抗」兩個概念，才能真正發揮效果。

我從十多年來輔導企業進行市場作戰的經驗，規劃了一套整合「市場動態」與「競爭對抗」的動態策略新模型。

傳統策略規劃的執行，大多著眼於如何落實中長期發展方向。一般是按照組織階層展開策略方針。假設公司長期目標是「三年內要成為業界最專業的領導品牌，經營目標要衝到 60 億」，組織若有三個一級單位，那麼每個單位負責 20 億，各部門之後依此目標層層分解，規劃後續的執行方針。這種計畫方法屬於大軍團的作戰思路，適合平原丘陵，但並不適合動態競爭的窮山惡水市場。在戰爭迷霧中作戰，決定大方向固然很重要，但也必須考慮當下如何競爭對抗。如果競爭實力不如人，縱使方向選對了，最後也是被打死在半路上。

動態競爭的「策略執行」該怎麼做比較好？我建議不用想得太遠，這個階段看得遠，並不意味看得好，把當下做好就可以。那麼當下有哪些事可以做呢？很簡單，只有兩件事：「宏觀的路線選擇」與「微觀的競爭對抗」。不要懷疑，市場作戰就是這麼簡單！

要與競爭者對抗致勝，可以採用「動態競爭心法矩陣」做為分析工具。這矩陣可以指出「宏觀的路線選擇」與「微觀的競爭對抗」兩個角度。「宏觀角度」教你不要跑錯路，如何在眼前出現岔路時，比競爭者更靈活選擇正確的短程路線，並能夠順利地跳躍到新路線上。「微觀角度」教你不要被打死，如何和競爭者一起在路上奔走時，釐清他是敵或友，是友如何合作，是敵如何肉搏。

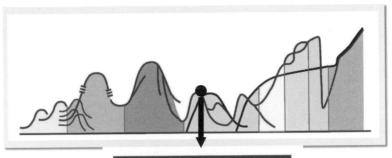

組成 1：宏觀的路線選擇

　　這裡所指的宏觀，並不是我們平常所說的三至五年宏觀經濟角度，而是短期、仍處於有限戰爭迷霧下，如何決定市場的發展方向。這個階段的時間長度視各產業別而有所差異，但是都面臨著相同的決策考驗：「勤摸索」、「慎跳躍」（如下頁圖，1 與 2 位置）。

主決策：勤摸索

　　往前看市場的確是充滿著不確定性。雖然長期不容易預測，但是局部還是可以。所以不用想得太遙遠，反而應該秉著摸著石頭過河的精神，多方去嘗試錯誤，一步一步摸索市場，增進對市場的了解。事實上，只要多花心思在當下，把眼前的事情做好、做到極致，反而比

去想像極度未知且模糊的長遠目標更有意義。因為把事情做到極致，才能挖掘出對未知市場的認知，而這個新認知將有助於你釐清眼前的迷霧。

次決策：慎跳躍

當企業面對短期分歧的窮山惡水，經過摸索而有一定程度的了解後，接下來就該選擇路線。這個選擇就是跳躍。要不要跳？何時跳比較好？自己跳過去或是拉著對手一起跳？鼓足勇氣全部跳過去，或是保留實力嘗試性跳一下？跳錯了趕快再跳回來，或是硬著頭皮堅持下去？諸如此類問題，都需要慎重思考與研判。

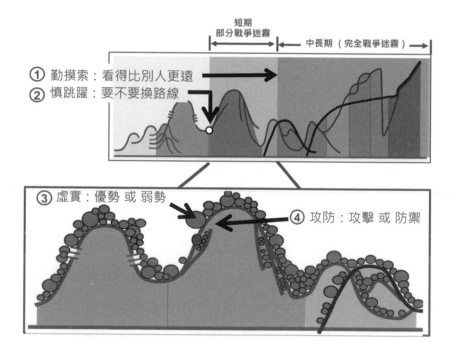

組成 2：微觀的競爭對抗

當宏觀路線選擇完畢，大方向確定後，接下來要做微觀決策。微觀決策主要想解決企業發展路上（如上頁圖，3 與 4 位置）該如何與同業互動，該戰還是和？該攻還是守？以及作戰武器選用、規劃與運用的課題。

主決策：識虛實

在市場發展路線上，我不見得一定要和競爭者對打。但是天下雖安，忘戰必危，還是必須時時做好終須一戰的心理準備。而要做好備戰，你必須隨時盯緊對方實力消長與虛實變化，以便能及時出手。競爭對手哪方面的實力在增長，我該如何應變？競爭對手哪裡將出現防禦上的漏洞，我該準備什麼武器切入？打或不打，到時候再說，但是心中必須要有隨時觀注對手虛實變化的警覺意識。

次決策：定攻防

微觀主決策確定之後，知道對方虛實所在，接下來一定會面臨與競爭者互動。與競爭者在市場路線上奔馳，你想怎麼跑？保持什麼關係？超前或跟隨？跑快或跑慢？你超前對手，對手會不會反擊？你追隨對手，對手會不會圍堵你？該如何面對反擊與圍堵？該選擇攻或防？這都屬於「定攻防」需要思考的範圍，這會影響你後續所有的戰術規劃。

組成 3：心智對抗

　　無論是宏觀的「摸索與跳躍」或微觀的「虛實與攻防」，都脫離不了許多方法與招式的運用。但動態競爭不是解數學題，而是敵我心智對抗。你懂這些招式，競爭者可能也懂。這時縱使敵我雙方都採取正確的方法，找出正確的方向，但在資源有限的零合博弈情況下，很可能兩方都不會贏。因此，要學會實戰，不得不瞭解敵我心智對抗的奧妙。未來在市場實戰不要只想到我邏輯是否嚴謹、分析是否到位，更要多花一點心思想一想對方會怎麼想？正在想什麼？

　　這個心法矩陣我會專門在第 4 至 8 章說明清楚，這一章就只先說明「動態競爭心法矩陣」的架構。

三、釐清動態競爭的內涵

　　維基百科記載了動態競爭想解決的兩個重大課題：辨識競爭者與預測競爭行為。但在窮山惡水地形打暗夜的叢林戰，你不只要能辨識競爭者，還必須辨識潛在且不斷更替的競爭者。你或許能猜到競爭者眼前所出的第一招，但在戰爭迷霧籠罩之下，你很難預測他第二、三招以上。亦即，在第三階段動態競爭時代市場不確定情況下，要順利解決這兩個課題並不容易。因為環境動盪是外在環境與敵我對抗交互影響，所產生各種難以預測的不同結果。與其花心思預測，但又猜不準，不如主動掌握造成市場變動的因子，謹慎切割分析，逐步消除變動因子的影響，反而更容易讓企業順利運行。

常看到書本用「動態競爭」四個字來描述市場動盪現象，但我更喜歡把「動態競爭」拆解成：「動態」與「競爭」，用這兩個名詞詮釋市場變化莫測、競爭激烈的變動因子。「動態」是審視環境不確定性因素，對所有企業的市場發展所造成影響；「競爭」是說明敵我雙方在不確定環境下，如何競合互動、攻防作戰。企業面對動態競爭時不用急，不用慌，可以循著這兩個方向控管、克服市場變數，將能提高你的致勝機率。而「動態競爭心法矩陣」就是為了解決此一問題而衍生的實作模型。它的精神不在預測，而是在斷源。它不要求你去預測對手第二招、第三招，反而要求你去排除變動因素的干擾。這個心法矩陣我會在第 4 至 8 章說明清楚，這一章就只先說明「動態競爭心法矩陣」的架構。

實戰篇

第 4 章

市場路線，計畫或摸索

第 3 章我提出了針對在動態競爭市場研擬作戰計畫的「動態競爭心法矩陣」。接下來的 4 至 8 章，共 5 個章節，我會逐步與大家說明執行細節。

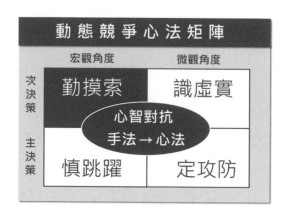

面對戰爭迷霧，企業當下該如何做決策才能夠比對手做得更好？請留意「當下」這兩個字，亦即現在我不再討論未來中長期發展方向，而是尋求如何與眼前對手短兵交戰。

在當下動態對決上必須關注兩個重點：宏觀角度與微觀角度。宏觀角度關注打架的方向與位置，一邊打一邊注意自己踏出的每一步；微觀角度主要在研究，和對手你一招我一式對打看誰先倒地。所以在與對手動態對抗的短兵交戰中，除了要找對位置站在制高點借勢出力，更要求路線要對不要走錯路。否則縱使打贏了，卻讓自己身陷險地一起死，那就很冤枉了。

比競爭者看遠一點點

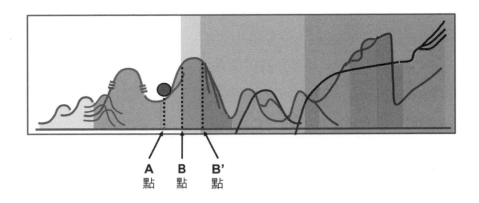

A **B** **B'**
點　點　點

　　這一章講「摸索」，屬於宏觀角度，研究如何看得比對手更遠，以幫助自己選擇適合的路線。當然，在戰爭迷霧下要看遠並不容易，但我不期待企業能看多遠，只要求你比對手看得「更遠一點點」就夠了。例如：對手若只能從現況 A 點看到 B 點，那麼你就要想盡辦法更進一步，從現況 A 點看到 B' 點。

　　不要以為這 B' 點也沒有比 B 點遠多少，但短兵交戰就是如此，縱使只比對手提早一秒鐘，都足以將對手一招斃命。

一、動態市場如何摸索路線

　　企業身處動態競爭的市場環境，如何找出自己的發展路線？我先說明一下「計畫導向」與「認知導向」這兩種市場路線發展模式的差異：

■模式 1：計畫導向，直線型發展模式

謀定而後動，先認清市場情境，看準目標，再找出目標與現況的差距，拉出一條能夠走到最終目標的路徑。

■模式 2：認知導向，搖擺形發展模式

摸著石頭過河，先行動再說，邊做邊修改。藉由行動去認清市場情境，對市場認知有多少，計畫自然會逐步成型，逐漸清晰地浮現。

模式 1：計畫導向，直線型發展模式

目前企業在研擬作戰計畫時大多還是採用計畫導向模式。每到年底，許多企業開始舉辦「策略共識營」，找幾位顧問帶著企業團隊盤點內外部環境，做 SWOT 分析，並拉出一條從 A 點（現況）到 B 點（未來），三到五年的追求目標與發展途徑，整個計畫方向大概就出來了。計畫方向推導出來後，接下來的重頭戲就是要想出一句漂亮的口

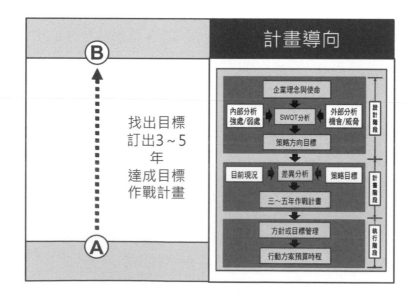

號，例如：我們要成為「亞洲最大的 XXX」、「中國第一家 XXX」。
有了這些口號，整個戰略共識營才算是圓滿完成。

模式 2：認知導向，搖擺型發展模式

「認知導向」則是在戰爭迷霧下研擬作戰路線的方法，亦即摸著
石頭過河，一步一步小心摸索。對未知環境摸索到哪裡，認識到哪
裡，作戰方案就規劃到哪裡。我用以下幾個過程來說明「認知導向」
的策略規劃模式。

過程 1：A 點到 B 點──原本計畫導向所訂定的發展路線

A 點是現在的位置，白色區域代表企業只能掌握市場目前位置的
情況，而 B 點代表採用計畫導向所規劃出來的三至五年發展目標。其
中深色區域代表市場處於模糊未知的戰爭迷霧情況。從 A 點到 B 點

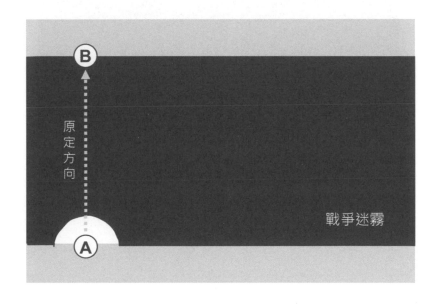

代表著企業原本採用「計畫導向」所規劃出來的經營發展方向。

過程 2：A 點到 A1 點——受環境因素干擾而偏移的路線

　　縱使原本設定從 A 點到 B 點的發展路徑，但常常執行不到半
年，發現人算不如天算，原計畫情境與執行過程中所遇到的環境不
同。結果執行方向被迫偏離原訂路徑，從 A 點跑到了 A1。在企業經
營上常發生這種偏移的現象，不執行不知道，開始執行後才知道事情
不如預期那麼單純。有可能某些情境是執行前預想不到的，也有可能
是過程中臨時出現變化。總之，經營路線受到環境因素干擾而偏移到
A1 點。

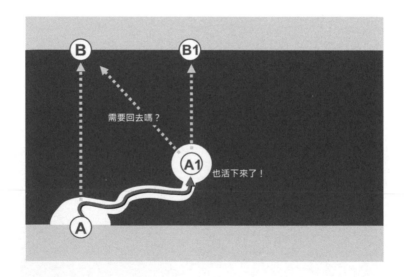

　　偏離目標跑到 A1 點之後，死了活該，誰叫你不按計畫路徑前
進。但偏偏有時候跑到 A1 點不見得會死，竟然莫名其妙地活了下

來，而且還活得不錯。例如電子商務時代來臨，有些企業原本規劃以線下為主，線上為輔。不料後來發現線上發展速度遠遠超出預料，線上業務量反而成為主軸，線下變為其次。誤打誤撞之下摸索出一條新路線，而且活得還不錯。

處於 A1 點的企業將面臨兩個選項：

選項 1：修正路線，回到原來方向，從 A1 點回到 B 點，亦即堅持原本所要追求的目標。

選項 2：修正目標，將錯就錯，改走新路。不經一事，不長一智，從錯誤中學習，反而找到成長新方向。因此重新出一條從 A1 點到 B1 點的新路線。

我不知道你會怎麼選擇，但假如是我，應該會選第二個選項：「修正目標，將錯就錯，改走新路」。因為這兩條路線在性質上有所不同。「A 點到 B 點」是處於戰爭迷霧下所假定、推想出來的理想路徑，而「A 點到 A1 點」是實際操作下應證出來的真實可行路徑。前者是事前想像，不確定成敗；後者是實際驗證，已確認可行。兩相比較，我當然會選擇後者啊。

過程 3：A1 點到 A2 點——重新調整過後的經營發展路線

環境變動是常態，不動才是奇怪！在追求修正的新目標，改走「A1 點到 B1 點」的過程中，市場發展軌跡一不小心又從 A1 點被擠到 A2 點。跑到 A2 點死了就算了，偏偏又沒死，反而活得還可以。與剛才的模式一樣，「A1 點到 B1 點」是假定推想出來的可行路徑，

「A1 點到 A2 點」是實際操作下應證出來的可行路徑。所以我才不要調整方向朝 B1 修正，反而會再度修正路線，調整目標為 B2 點。

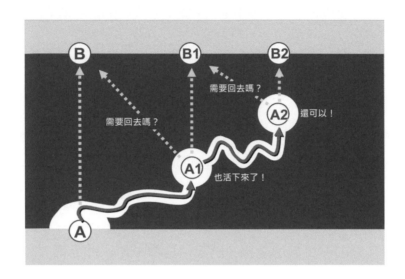

面對不可知的未來，往往在試錯過程中才會發現可行的新方向。這就是「認知導向」的精神，到底該怎麼做比較好，不試不知道，試了才知道。試完並理解情況之後，計畫修正立刻跟上來。

例如：台灣統一超商是超商行業裡最先採取 24 小時不打烊的企業。當時超商的營業時間大多設定早上 7 點至晚上 11 點，誰都沒有想到統一超商敢打破業界規範，推出震驚同業的「24 小時不打烊」。

統一超商這麼深謀遠慮、大膽創新的突破，是在會議室裡精密分析後，推導出來的作戰構想嗎？其實不是！統一超商總經理曾在某一場演講提到，是因為有家分店晚上要休息，卻發現鐵門卡住關不起

來，只好在深夜繼續營業。結果意外發現深夜生意很不錯，才決定所有的店都轉為「24 小時不打烊」。

許多企業在實際作戰中所想出的新方法、新創意、新突破，往往不是打戰前在會議室裡想出來的，大多是在真正執行中的無意發覺。特別是處於「戰爭迷霧」裡，很少有人能看得清楚未來情境。這時候，摸著石頭過河，一步一步小心摸索市場，才能逐步拼湊出市場可行路線。

過程 4：A2 點到 B3 點——重覆修正的過程

同樣的，在往 B2 點方向移動中，還是會遇到環境因素隨時干擾，最後又被擠到了 B3 位置。在你的理想中，市場發展路徑是計畫者主觀意志的展現，你可以決定要從 A 點到 B 點。但在動態競爭環境下，縱使一開始設定從 A 點到 B 點，但人算不如天算，往往被環境影響而呈現搖搖擺擺的推進路線。最後企業的發展路徑不是從原定的 A 點至 B 點，而是不斷嘗試錯誤下，從 A 點一拐一拐地跑到了 B3 點。

亦即，在動態環境下企業發展路徑並不是從 A 點到 B 點，而是從此岸到彼岸。最後在彼岸的哪一點上岸，會在 B1、還是 B2、或是 B3 上岸，其實一開始並無法不確定。但上了彼岸之後也不要太高興，因為在這個彼岸之後，持續還會有另一個彼岸存在，等著你去摸索，繼續搖擺下去。

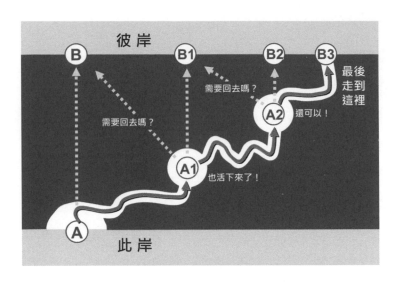

動態競爭時代，從計畫導向變成認知導向

「計畫導向」和「認知導向」，哪一種計畫方式比較好呢？

事實上，我並沒有說「計畫導向」是錯的模式，因為過去也曾經有許多企業採用計畫導向，並成功發展策略計畫。我只是要強調時代不同了！計畫導向模式比較適合靜態環境、市場趨勢可被清楚預測的情況。但在環境難以預測的動態競爭時代，期望目標訂出來，就能朝著目標大剌剌地大步直線前進。這種指那裡打那裡，一廂情願的計畫導向很難適應 VUCA 時代複雜的市場環境。

在戰爭迷霧下研擬作戰路線，我建議要謹慎小心，最好是從「計畫導向」調整為「認知導向」。亦即對未知環境抱持著摸著石頭過河的精神，一步一步小心謹慎，摸索到哪裡，認識到哪裡，作戰方案就規劃到那裡，這就是「認知導向」的作戰方式。

二、認知導向策略思維所產生之量變與質變

動態競爭環境之下，不要以為從「直線型計畫導向」轉變為「搖擺型認知導向」的路線，只是距離變長、所花的時間和力氣變多而已。錯了！兩者路徑上的差異對企業經營策略所帶來的影響，將對經營操作的「量」與「質」造成徹底改變。

質變：從「追求目標達成」變成「嘗試錯誤學習」

直線型計畫追求的目標是效率，每往前踏一步就離目標更近一步，愈快到達目標，愈快搶奪商機。但在動態競爭時代，戰爭迷霧下的目標是不確定的。縱使你勇敢往前踏一步，都不知道是離目標更近，還是更遠。既然如此，還需要往前踏一步嗎？答案是需要的！因為往前踏一步的目的不在於拉近與目標的距離，而是在不確定的市場環境下，讓自己能夠摸著石頭過河，探索市場，瞭解市場。

有一種攝影技術叫「縮時攝影」，能夠把一朵花從種子發芽、出土成長到花開花謝，整整一個月的歷程壓縮成一分鐘的影片。要做出這種攝影機並不容易，因為整整一個月時間相機不能移動，並在固定間隔時間內不間斷地重覆拍照，控制電量消耗能力是關鍵技術。

台灣有一家科技公司由於專精這種技術，率先開發出全球唯一「一機搞定」，不需要經過軟體後製，專門用於拍攝植物生長過程的「花園監控縮時攝機相機」（Garden Watch Cam）。為了推展用這種相機拍花草植物，這家公司多次到國外參加園藝展。旁邊攤位大多是賣

園藝自動灑水系統或是賣農具，只有他們一家科技公司很唐突地出現在展場上。但令人意外地，這麼好的產品，整整六天展覽會裡竟然一台都沒賣掉。他們不放棄努力，整整半年又參加了好幾次展覽會，最後還是一台都沒有賣掉。

經過半年的挫敗，業者終於心灰意懶了，在展覽的最後一天斷然決定，倘若今天下午再沒有賣掉，表示市場沒有需求，就準備把這個產品停掉不做了。結果下午竟然有一位客戶購買了 1000 多台。業者除了驚訝之外，也特別安排會後去拜訪客戶，瞭解客戶的購買動機。

追問之下才知道，原來他們根本不是用來拍攝花朵成長，而是用做工地監工，記錄施工進度。因為用傳統的 VHS 攝影機對工地施工進行全程錄影，事後用 32 倍快速倒轉觀看哪些施工環節需要改善，往往會耗費大量時間與精力，如今改為縮時攝影可解決此問題。

原本業者規劃用來拍攝花朵成長的用途，這類似於「從 A 點到 B 點」。但後來發現竟然可被使用在建築工地上，這就是從「A 點到 A1 點」。這不是計畫之初所設想得到的，而是透過執行過程嘗試錯誤才摸索出來。所以「計畫導向」策略執行過程是在追求既定目標的達成。但「認知導向」策略執行過程雖然看不清楚目標，但還是要執行，因為執行的目的不在追求目標，而在於探索市場。

量變：碎片修正，反覆運算演變

「認知導向」摸著石頭逐步過河的操作市場邏輯，將會影響到策略時程與推動步調。其策略執行的本質不在追求達成「假想」目標，

而在嘗試錯誤，探索市場。既然如此，愈快試錯、愈快摸清楚市場、愈快解開眼前的戰爭迷霧愈好。

假如採用「計畫導向」每次訂定三至五年市場發展計畫，並進行「PDCA 管理循環」（Plan-Do-Check-Action）。三到五年才進行一次大修正，這樣的檢討速度實在是太慢了。但若採用「認知導向」為加快試錯速度，寧可將計畫時程縮短。從三年做一次「PDCA 管理循環」減少為一年、半年，甚至減為一季就做一次「PDCA 管理循環」。倘若能將三年檢討一次，改為三個月檢討一次，三年下來反覆試錯十二次，整整比對手多了十一次摸索市場的機會。你將學得比對手更快速了解市場、更快速反應市場需求。看得更準、更深入，你的競爭力自然會跑出來。

亦即「認知導向」的核心理念是把失敗當作工具、把失敗當作過程。透過碎片化修正，比競爭者更快失敗、更快修正，進而比競爭者學得更深、更廣。馬雲說，他失敗的計畫比成功的多，但是每一次失敗都累積出對市場的認識與體會，這就是「認知導向」的精神。有人訪問 Uber，為什麼你們做的行銷這麼靈活？ Uber 說，我們目前沒有明確的長期計畫，我們只會去忙這一周或下一周的計畫。然後在極短時間內立刻嘗試，立即修正，市場作戰的靈活性自動就會跑出來。

所以，在靜態環境下失敗應該要避免的，它是破壞系統正常運行的負面因素。但在動態環境下採用「認知導向」的計畫模式，失敗是幫助企業刺探市場、瞭解市場的必然過程。一個商品推出後成功了，它就是商品；如果失敗了，它就是市場調查。不論成功或失敗，只要

不致命，對企業發展都有正面意義。

量變與質變，改變策略思維與決策模式

由於「認知導向」在「質與量」和「計畫導向」有重大差異，這也導致兩者運作模式完全不相同。「計畫導向」是採取「認識→計畫→行動」三步驟發展路線。

1. 認識環境：謀定而後動。先對市場做精確分析，徹底釐清市場未來。行銷、策略教科書裡所教的「PEST 分析」，就是透過搜集政治、經濟、社會、科技等環境資訊來認識環境。
2. 發展計畫：從收集到的資訊進行「SWOT 分析」，找出作戰方向，並與現況之差距，拉出三到五年短中長期的階段性目標。
3. 落實行動：依據發展出來的計畫內容進行資源調度與組織建構，訂定出實際運作與落地執行的細部計畫。

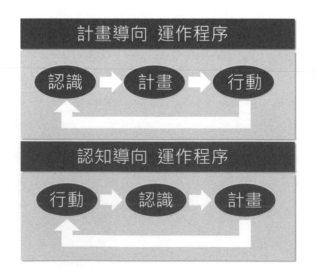

這三步驟看似合情合理，但在動態競爭環境下，光第一個步驟「認識環境」在戰爭迷霧下就已經是窒礙難行了。試問，AI人工智慧未來五年會發展到什麼情況？物聯網未來五年將會如何改變產業運作？諸如區塊鏈、金融科技演變等等改變世界的新技術，有誰經歷過，有誰能精準預測趨勢？指望憑著過去的經驗值要能清楚「認識未來環境變化」，風險非常大。

所以在動態競爭時代，要摸清楚市場情況不是先從「認識」著手，反而應該倒過頭來，從「行動」先踏出第一步。有了「行動」嘗試錯誤之後才有「認識」，有了「認識」才能讓可行的「計畫」逐步浮現。換言之，「計畫導向」的操作步驟是「認識→計畫→行動」。但「認知導向」是把計畫導向的模式倒過來操作，是「行動→認識→計

	計畫導向	認知導向
適用情境	第一、二階段 市場環境靜態單純	第三階段 市場環境動態不可測
發展路徑	直線型	搖擺型
行動目的	追逐目標，跑得快	摸索市場，學得快
運作程序	認識 → 計畫 → 行動	行動 → 認識 → 計畫
能力類型	分析，預測，執行	嘗試，檢討，應變

畫」。它把嘗試錯誤當重點，只要不把自己搞死，任何失敗都當作是邁向未來的機會。不試不知道，試了才知道問題將出現在那裡，試了才知道市場長成什麼模樣。只有勇敢採取行動，才能在戰爭迷霧下比別人更進一步認識未知的市場。只有更進一步的認識，作戰計畫才能逐漸成形。

三、精進「認知導向」的系統性手法

從「計畫導向」轉變為「認知導向」，不只是經營發展路線從「直線型」轉變為「搖擺型」。事實上每一次搖擺都是嘗試錯誤，既然嘗試錯誤就免不了有風險。搖過了頭，搖擺幅度過大，一不小心都可能會跌倒。所以，摸索市場當然要學得快，但並不是多出拳、多出招就能學得比對手快。你頻頻出招，每一招都耗費資源與體力，這意味著你將比競爭者更快累垮。拳擊比賽一上場就不斷揮拳、全場上跑下跳的人最容易耗費體力，一定撐不久。對付這種人你根本不用打，光等他累垮再來收拾他就可以了。因此企業必須思考，如何在可控管的最低成本、最低風險的情況下，快速出招摸索市場，學得快又不至於造成企業崩盤。

所以接下來我要和大家分享如何「學得快」，快速摸索市場；但又能「學得好」，真正探索出市場方向，又不至於累垮自己。我將從「手法面」、「組織面」與「操作面」三個方向切入，說明如何謹慎運作，讓企業在戰爭迷霧中比競爭者「看得清」、「變得快」、「活得久」。

動態競爭環境如何學得快，學得好		
手法面	組織面	操作面
看得清	變得快	活得久
探索變局	自我顛覆	降低風險
客戶聲音	懶螞蟻　　危機意識	最小可行
客戶夥伴	雙研發制　　創新文化	兵分多路
火力偵察	紅藍對抗　　學習組織	後發優勢

看得清──探索變局

比競爭者看得更遠、更清楚，就是探索變局。

消費者在想什麼？消費者對環境變化有何反應？這都是企業往前探索必須掌握的重點。然而你所面對市場將是全新的領域，過去的經驗值與習慣思維不見得派得上用場，那又該如何探索市場呢？按照由被動到主動的程度，有三種方法可以運用：傾聽客戶聲音、視客戶為夥伴、主動火力偵察。

方法 1：傾聽客戶聲音

「春江水暖鴨先知」，浸在水中的鴨子一定比岸上的人先知道水的冷暖。一樣的道理，最清楚外界環境變化的人不是窩在辦公室的專業

經理人，而是正在使用產品的消費者。所以企業要想敏銳地察覺消費者使用習性有沒有改變？消費者選擇產品考量點有沒有變化？消費者使用產品的方法有沒有調整？客戶的聲音將是協助企業察覺市場變化的重要關鍵。

例如：輝達（Nvidia）是開啟 3D 繪圖顯示卡應用於 PC 的先河，業界形容其為「繪圖界的英特爾」。當蘋果第一支 iPhone 問世，開啟智慧型手機新世代的時候，輝達也跟著進入智慧型手機晶片處理器市場，LG、小米、HTC 等手機也都採用輝達的中央處理器，當時輝達在手機處理器市場名列全球第五名。

到了 2008 年至 2014 年間，手機市場競爭愈演愈烈。高通挾著通訊專利優勢卡位高階手機，中低階晶片則有聯發科以價格與速度站穩市場，輝達則被前後夾擊。縱使晶片效能不錯，但缺乏專利以及沒有打價格戰的條件，輝達逐漸陷入手機紅海市場惡性競爭。直到 2015 年，輝達淡出手機，改投入人工智慧市場。隨著物聯網、AI 時代來臨，宏達電 Vive、索尼 PSVR……等 VR 裝置競相上市，再加上通用、賓士、奧迪、日產、BMW 等汽車業相繼推出無人自駕車，輝達成功將繪圖顯示卡從運用於智慧型手機轉型到人工智慧。2016 年股價一年漲幅 175%，營收及 EPS 均創歷史新高。

然而輝達是如何洞悉人工智慧此一新市場需求？並不是靠會議室裡的市場環境研究分析，而是許多研究人工智慧的學者，常常購買輝達高效能的 GPU 做為人工智慧運算工具。輝達在拜訪這些學者後，才發現人工智慧與自動駕駛這些當時並不熱門的領域，未來將會是新

商機，所以才找到這條新路線。春江水暖鴨先知，當你沒有辦法憑著過去經驗值去推理未來需求時，客戶回饋是協助你洞悉客戶、發掘新路線的有效方式。

方法 2：視客戶為夥伴

「傾聽客戶聲音」是察覺市場變化的好方法，但唯一的缺點是可遇不可求。你必須正巧遇到有客戶能透露市場變化訊息。而要讓客戶能源源不絕地提供有意義的情報資訊，就必須「視客戶為夥伴」，將這群人有計畫地組織起來。

例如：海爾家電過去採用計畫性生產，設定好某個目標消費群，然後設計他們需要的功能，把產品做出來，賣出去。但後來發現預估的需求不一定準確，安排的功能也不見得能真正解決客戶的問題。為了更接近客戶，海爾弄了一個「眾創匯」平台，客戶可以自己提出家電設計的創意與需求。如果那項創意需求的按讚人數夠多，海爾就會考慮針對這個需求開發新產品。這種將客戶匯集在一個平台，進行長期、持續互動，就是和客戶建立夥伴關係的一種方法。

最瞭解客戶需求的人應該就是長期使用這項產品的消費者。他們花錢購買就是想解決自己的問題，就是想滿足自己的需求。遇到產品功能不符合期待或是有新技術出現可解決他們現有問題時，他們應該是最快警覺的人。企業應該和這群人建立長期互動關係，當環境風吹草動時才有獲取最新訊息的管道。例如：小米發展之初組織了一個「粉絲群組」，大家互相在群組裡發表想法，抱怨對目前不滿之處。正

巧有人提出：「如何做出一支又好又便宜的手機？」結果就在大家互拋意見、腦力激盪中，誕生了第一代小米手機的雛型。

然而，不要只是被動聆聽「客戶夥伴」的想法，有時候還可以讓他們參與作戰方案的討論，一起腦力激盪。例如：宏碁集團從 2015 年開始，每年都會啟動一項「實習生計畫」。暑假時會從許多大學生裡挑出十多位實習生面試，面試的第三關是以工作坊的方式，請大家從使用者角度，透過焦點訪談，提出最終的解決方案。

2019 年工作坊的考題是：「身為 Z 世代，你希望科技幫你解決哪些問題？」這一群實習生提出了很多連宏碁主管想都沒想到的創意與構想。例如，習慣在網路發聲的 Z 世代，在實體世界常常不知道如何交友，人際關係普遍匱乏。他們提出讓電子產品能夠更有人情味的構想，比如說可以將行動充電器設計成紓壓小人，在用手不斷捏的紓壓過程也能順便充電。又比如，Z 世代多半和朋友租屋居住，如何提醒室友冰箱空間已塞滿，食物快要過期了，都是年輕租屋者的痛點。

方法 3：主動火力偵察

「火力偵察」是軍事作戰名詞，亦即以火力襲擊迫敵、誘敵還擊，讓敵方暴露其火力配置，從而判明其兵力部署、陣地編成等情況。軍隊在森林前進，不知道伏兵在哪裡時，可以主動對森林裡不同區域開幾槍，看哪個角落被打中後會反擊，大概就能判別敵人兵力部署。不知道敵人實力如何時，也可以發動第一波小規模攻擊，看看反擊火力的程度。如果敵人火力全開，子彈炮彈如下大雨直洩而下，你

大致可研判敵方後勤彈藥的儲備非常充分。

「傾聽客戶聲音」與「視客戶為夥伴」方法雖好，但假若是一項全新的技術，現有客戶對其毫無概念，你將無法從他身上挖出突破性的線索。例如：在美國西部，尚處於馬車時代，你詢問馬車主人未來希望有什麼樣的車，頂多只能問出跑得更快、更穩、更美觀的馬車。以他們當時的經驗值一定想不出，可以有一台靠引擎沒有馬拉的車。所以「火力偵察」是一種補強「傾聽客戶聲音」或「視客戶為夥伴」的手法，更主動、更突破性地探索未知方向。

火力偵察使用範圍廣泛，小從產品型式改變，大到未來新技術可能對市場帶來的影響都適用。例如，手機從有天線改為沒有天線，消費者使用習性與模式會有什麼改變？電子書技術突破，消費者的接受程度如何？消費者的閱讀行為模式將有什麼調整？對於這些未知情況，企業可以主動設計一些小規模偵察市場的實驗設計，測試消費者的感受與反應，以提前驗證自己對市場趨勢的假設與判斷。

變得快——自我顛覆

認知導向有兩個角度：比競爭者「學得更好」、「學得更快」。

上述「看得清」探索變局，摸索市場，掌握消費者需求變化，代表「學得更好」；然而市場競爭激烈又慘酷，你不只要看得清楚、學得好，還必須比競爭者學得快。然而並不是頻繁出拳就可以學得快，因為每出一招都是成本，都必須承擔風險。所以應該轉變思考方向，從承擔風險強迫自己快速出拳，轉為打造自然而然就能快速出拳的身

體。換言之，不是研究如何打得快，而是如何具備打得快的身體素質。所以這一段「變得快」我特別要從「組織面」來探討，如何打造能夠快速摸索市場的「組織結構」與「組織內涵」。

變得快的組織結構

靜態環境裡，企業追求的目標明確，所以適合層級分明、分工嚴密的科層式組織。但在動態競爭市場，科層式組織並不適合「學得快」，而應採取其他型式適合快速學習的組織結構。

型態 1：懶螞蟻團隊專責探索

最近管理學出現一個新名詞：懶螞蟻效應。

曾經有日本研究機構觀察一群螞蟻，發現蟻窩裡大部分螞蟻都很勤快尋找、搬運食物，卻有少數「懶螞蟻」整日無所事事，東張西望。若你認為這些「懶螞蟻」是沒有用的成員那就錯了，因為當螞蟻的食物來源被斷絕時，平常很勤快的螞蟻會不知所措，反而那些懶螞蟻會帶領蟻群，尋找新出口與食物來源。原來懶螞蟻和一般螞蟻是處於分工模式，牠們不參與雜務才能把時間花在偵察和研究上。同樣的，處於動態競爭的企業也應該建立專責探索未知市場的「懶螞蟻」。

一般企業都期待組織精簡，不喜歡冗員存在。但是「懶螞蟻」的觀點正好相反，他正是組織裡面的冗員。大凡有效率的組織，所有成員就像機器裡的小螺絲，每個人時時刻刻都有工作安排與任務分派。這樣的組織運作非常有效率，但在面對變化劇烈的環境卻會顯得僵

化，缺乏彈性。在變動是常態的動態競爭環境下，企業需要一小群「懶螞蟻」脫離既有為追求效率運作的組織，獨立出來運作。

型態 2：雙研發團隊激勵探索

「懶螞蟻團隊」是一個專責探索市場的團隊。但是，這種組織也會有問題，假如這隻懶螞蟻後來真的變得很懶，根本不去摸索市場了，那該怎麼辦？

為了解決這個問題，有些企業會同時養很多隻懶螞蟻，這就形成了「雙研發團隊」。通常探索市場的重責大任，往往是落在研發、企劃部門。但是若缺乏相互比較與競爭，長期下來這些部門往往會流於懈怠、缺乏積極求突破的動力。所以，有些企業會引用「雙研發團隊」機制，將公司的研發企劃部門切割為兩個互不隸屬的獨立單位，讓他們彼此相互競爭、相互比較，以提昇其積極進步與突破的正向動力。

例如：賣速食麵的統一集團發現，在中國大陸一碗速食麵才人民幣 3 元。但過去二十年來，中國消費者口袋的錢已增加二十倍，光位於收入前 20% 金字塔頂端的人口就有 3 億，這些人只要產品有價值，花 10 元買速食麵應該沒有問題。但如何鼓勵內部研發單位努力探索，做出有價值的速食麵呢？統一集團不是給獎金或物質性激勵，而是將研發人員擴編一倍，並將研發團隊一分為二彼此競爭，他們不互相隸屬，辦公地點也不相同。雙研發團隊各自要負責探索，如何做出高價位消費群喜歡的高價值商品，並爭取自己的產品能比競爭團隊

更早獲得上市機會。在這之前，2014 年統一速食麵事業虧損人民幣一億五千萬，但 2015 年改用雙研發制度，在相互競爭之下，竟然真的研發出一碗人民幣 10 元的高價產品搶市場。

型態 3：紅藍軍對抗相互顛覆

「雙研發團隊」將研發單位一分為二，各自研發，以數量取勝的方法，的確能比單一的「懶螞蟻團隊」更能增大探索市場的成效。但這種方法還是有瓶頸存在，畢竟成員來自同一個企業團隊，組織成員同質性較高，思考模式與突破創新方向的雷同性非常高。縱使各自研發，推出成果的差異性不見得會太大。為了解決此問題，又冒出了另一種新型態的組織結構：紅藍軍對抗。

在動態競爭環境下，沒有一成不變的合適路線。發展方向總是在左與右、激進與保守、穩定與變革之間擺動，並在嘗試錯誤中不斷修正方向。當企業安於某一路線時，最好能夠有一股衝突的聲音、分歧的力量不斷提醒，讓企業在矛盾中省思與修正。其實最需要改變的不是作戰物質與資源，而是經營團隊的腦袋瓜子能否有不一樣的視野與角度。紅藍軍對抗就是透過相互顛覆對方思維，強迫彼此打破慣性思維而發展的組織型態。

紅藍二軍對立，藍軍存在價值在於創造出紅軍的對立面，要想盡各種方法否定紅軍的構想，並在刻意挑剔的矛盾張力中，推動對市場的新認知。美國軍工企業洛克希德·馬丁最會採用紅藍軍對抗模式。該公司開始為這一代戰鬥機進行大規模生產時，就會在不同地方使用

不同資源，建立挑戰這一代戰機的新產品開發部門，這就是著名的臭鼬工廠。

紅藍軍對抗的邏輯與孫子兵法「奇正相生」概念相似。兵法所言奇兵與正兵，會相互轉化。假若藍軍刻意挑戰紅軍，則紅軍屬於「正兵」，藍軍屬於「奇兵」。倘若奇兵藍軍挑戰正兵紅軍成功，藍軍則變為正兵，紅軍轉為奇兵，換紅軍來挑戰藍軍。企業要自我覺醒，不要等別人發現新市場而顛覆了你，你應該在企業內部發揮自我顛覆精神，隨時挑戰自己。

變得快的組織內涵

上述三種織結構要能順暢運作，必須有適合的企業文化與制度支撐。若組織強調精細分工不容許冗員，「懶螞蟻」就不可能有存在空間，一定會被捉出來釘在牆壁上，天天被迫檢討工作指標、完成進度。同樣的，若組織強調行動嚴謹，不予許有承擔風險、嘗試錯誤行為。那麼「雙研發團隊」、「紅藍軍對抗」也將失去顛覆創新的決心，反而形成強調不出錯的保守組織。所以，組織結構與組織內涵必須相輔相成，缺一不可。

內涵 1：提升組織危機意識

1994 年，Intel 發生晶片事件，美國有一位數學教授在研究孿生質數時，發現用電腦計算長除法時不斷發生錯誤。事後發現是英特爾為了加快運算速度，將整張乘法表燒錄在處理器上面。結果乘法表

裡 2048 個乘法數字，竟然有五個數字輸入錯誤。根據 Intel 工程師分析，按照一般人正常的使用頻率，大約要七百年才會發生一次錯誤，縱使發生了，其實也不會造成重大損失。但這是你的認知，並不是社會大眾的看法。身為企業經營者，責任就是要把事情做到好，不能以問題不大而忽略。

更麻煩的是，發現晶片有問題的數學教授打電話到英特爾好言好語提醒時，客服人員竟然不當一回事。不是把問題轉到工程研發部門解決客戶的疑惑，而是推說這不是晶片問題，可能是教授自己電腦的問題。後來事情傳開了，造成社會大眾嘩然。一般消費者並不像工程師，習慣用理性的機率比例來研判問題的嚴重性，只要有一點點的瑕疵，就會在消費者心中放大為不安與恐懼。再加上媒體與社群鼓動，對英特爾抨擊的壓力愈來愈大。最後英特爾只好將已售出的晶片全數回收，損失高達五億美元。

在動態競爭窮山惡水環境下，危機四伏、處處風險。企業團隊若沒有提昇對未來生死存亡的危機意識，很快就會掉進失敗的坑洞。

海爾集團之所以能成為國際大集團，不是他們能生產各種各樣家電產品，而是 CEO 張瑞敏敢當著所有主管，用鐵錘砸爛有瑕疵的電冰箱，以此宣示組織對品質的承諾。這麼做是要提醒員工要有危機意識，一個不合格冰箱對海爾而言不過是 1% 的不良率數字，但對消費者而言，一台不良的冰箱卻是 100% 不合格。如果海爾沒有戰戰兢兢，堅持「決不讓消費者受損」的高標準文化精神，哪裡能創造今日海爾的品牌價值呢？

企業渡過了草創求生階段，逐步邁向成長階段之後，過去戰戰兢兢、如履薄冰的態度往往會逐漸淡化。但是走在動態競爭的窮山惡水地形，企業領導者的責任必須以行動隨時喚醒員工的危機意識。

2019 年，21 歲西安電子科技大學生魏則西相信百度搜尋廣告，接受滑膜肉瘤治療，最後還是病死。他在過世前在網路發表文章，揭露不肖醫療業者透過百度「競價廣告」，爭取被搜尋的曝光機會。社會大眾紛紛唾罵，指責百度已失去搜尋引擎的公平性與客觀性，根本無法在這裡搜尋出好的資訊與答案。甚至有人為文：「百度已死，中國沒有搜尋引擎。」短短三個月，百度因為這一事件損失 20 多億人民幣。百度董事長李彥宏隨後發布一封內部信件向全體員工喊話，要求大家勿忘初心：「如果失去用戶的支持，失去對價值觀的堅守，百度離破產就真的只有 30 天！」創業初期為了和 Google 搶用戶，大家在夢想感召之下傾聽用戶聲音，瞭解用戶需求。不要因為現在公司穩定了、規模擴大了，就失去了戰戰兢兢的危機意識。

內涵 2：打造鼓勵創新文化

動態競爭時代，面臨不確定未來，過去的經驗典範與成功模式不見得能夠完全套用得上。所以，企業應該在組織內部打造獎勵創新和冒險的文化，激勵員工對快速變化的危機和突發狀況迅速反應，並在面對新挑戰、新難關時，能用新思維、新模式去克服問題。企業創新文化是由組織內部多個元素組成，包括運作制度、溝通模式、領導風格……等，統合起來形成一種願意承擔風險，突破創新的氛圍。

達文西是非常有名的發明家，他之所以能夠不斷創造出各式各樣超乎我們想像之外的珍奇器具，最主要是他在想事情時，會強迫自己最起碼要從三個不同角度切入。我們或許沒有達文西的天分，但組織若能輔以多元性文化的組成成員，相互激盪，想必也能達到這種創造力。有研究報告指出，跨國公司會比本土企業更具有創新文化。最主要是跨國公司成員來自不同國家，具有不同的思考背景。當你想對某件事情突破創新時，身邊能有不同背景的人提供你多元性看法，對你的創新會有所幫助。

　　但組織的創新文化很難獨立於個體，員工創新成果一定與組織制度相關聯。企業是否支持員工承擔風險、容忍失敗進行創新，會影響到組織創新成功與否。然而期待員工每次嘗試都能成功的想法是幼稚的，只有不怕失敗多練習，創造力才會越來越強。因此組織必須營造一種不用擔心創意構想失敗後會受懲罰，甚至被解雇的組織氣候。更進一步，企業領導者更應該鼓勵員工挑戰傳統的辦事方法。明明過去的方法還不錯，但能不能做得更好，不試不知道，領導者應該鼓勵員工去做必要的冒險。在逃避風險氛圍中工作的員工，不大可能創造出突破性的產品或服務。

內涵 3：建立學習型組織

　　動態競爭時代，探索市場發展路徑「行動 → 認識 → 計畫」就是一種學習過程。每一次行動都是嘗試錯誤，但如何從試錯中篩選、分析，並萃取出有用的學習心得與體驗，將決定企業探索市場的成效。

這件事不能率性、放任它出現，應該建構一個「學習型組織」持續運作。哲學家桑塔亞那曾說：「不能記住過去的人，註定會重複失敗。」因此管理學上有個名詞叫「桑塔亞那回顧」（The Santayana Review）。「失敗是良師。從失敗中獲得的知識，往往有助於未來成功。」每次行動過後不該對失敗存有敵意，不願回顧，否則將失去很多有價值的知識。

坊間有許多管理顧問開辦成功學，教人如何創業成功。但在日本，卻有很多人在研究失敗學。日文書《失敗的本質》特別挑出六場日本參與並慘敗的二戰戰役，深度探討失敗的原因。然而為什麼要研究「失敗學」？因為在靜態環境下，過去成功典範可用來推估未來；但在動態環境下，過去的成功在未來不同環境下，不見得依然能成功。但過去的失敗模式往往會在未來重複出現。只有不可思議的成功，沒有不可思議的失敗。一個懂得省思失敗的組織，才具有學習型組織的特色與內涵。

學習型組織必須有系統地評估成功和失敗經驗，特別是記住失敗的教訓；同時要分清楚「有用的失敗」和「沒用的成功」。「有用的失敗」是指任務雖然失敗了，但能為組織帶來深入的見解與領悟，修正組織的運作思維，啟發好的發展方向。「沒用的成功」是指事情成功了，但是沒有人能釐清是如何成功，為何成功。若如此，這個成功的意義不大。

企業應建立一套知識管理系統，以便讓同仁吸收相關經驗。有一家保險公司規定，推動任何一項專案之前必須填寫一份表格載明計畫

構想，並且進入公司知識管理系統檢索過去相類似的計畫，以及曾經研究、或正在研究相同主題的員工名單及聯絡方式。專案小組必須與其聯繫，以獲得其相關經驗並修正自己的計畫，才能正式提案。動態競爭時代，企業必須不斷持續探索市場，持續修正改善。但除了持續改善，也必須努力學習，才能一步步將上次改善成敗經驗做為下次修正的基石，企業才能摸著石頭過河，一步步平安前進，這才算是學習型組織。

活得久──降低風險

前面我們研究了從「手法面」探索變局，從「組織面」變得快。然而摸索行動對企業而言，都是資源消耗與風險承擔。如何「活得久」，以有限的成本，以不拖垮自己為前提，比競爭者更有效地摸索市場，將決定企業的生死成敗。

我 1992 年從台灣大學商學研究所畢業，雖然我也經過正統 MBA 訓練，但我不喜歡依循學術研究模式探討動態競爭。搞統計分析我絕對比不過學校教授，但要探討如何在戰場上「活得久」不會死，我的經驗不見得比較差，因為我常常玩電腦遊戲。我曾在上課時跟學生開玩笑，我說真正打戰靈活的人，不是學校老師或像我這種在企業講課的講師，而是在網路上玩電競遊戲的玩家，他們的頭腦最靈活，最能打。因為即時戰略電競遊戲所面臨的情境，跟動態競爭市場環境兩大變數：環境不可測、競爭對抗，幾乎完全符合。

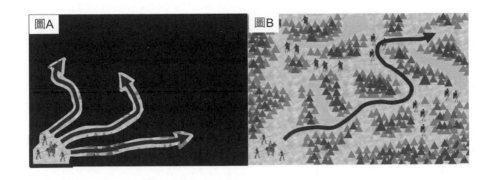

圖A　　　　　　　　　　圖B

　　不知道大家有沒有玩過一款電競遊戲「魔獸爭霸」？在人與魔獸對抗中，如果有一張明確地圖告訴我目標在哪裡，沿途會遇到哪些魔或獸（如圖B），那麼這場戰爭會很好打。但很遺憾，真實的魔獸爭霸戰場常常是黑鴉鴉一片（如圖A）。目標在哪不好說，只知道大概是左上角方向，但不知真正明確在哪裡。哪裡有山、有河會擋住去路，完全不清楚；沿路上會遇到什麼敵人也不清楚？這完全符合動態競爭的「環境不可測」特質。而且，電競遊戲不是單機遊戲，而是與網路對手的敵我相互對抗，這也完全符合動態競爭的「競爭對抗」情況。所以若能把玩「魔獸爭霸」的精神轉化到市場經營作戰上，可能會比讀數十篇「哈佛管理個案」更有效吧？

　　以前我玩魔獸爭霸的時候，面對一片黑鴉鴉的地圖時，絕對不會笨得將主力部隊開大路，走大道，直接闖進去，我會採取三種作戰模式來操盤：兵分多路、低成本偵察、後發優勢。採用這三個方法縱使戰場資訊不足、戰場變化莫測，我的勝算還是非常高。

動態競爭戰場活的久，降低風險的方法	
兵分多路	先不要冒險下賭注，而是多派幾個兵去探索戰場
低成本偵察	絕對不要派主帥去探險，要找跑得快的小兵去偵察
後發優勢	先不要跑，讓別人去探路，等局勢明確，我全力衝刺

模式 1：兵分多路 —— 先不要冒險下賭注，而是多派幾個兵去探索戰場

遇到敵情不清，不要只派一支部隊去探索市場，因為速度太慢。最好多派幾個耐操耐打的兵，去摸索敵方兵力布署與戰場布局。在真實市場作戰，未來發展情況很清楚時，可以集中兵力，快速攻占山頭；但市場發展混沌未明時，反而應該用打散彈槍的方式，多發射幾發子彈去探索市場。不求每一發都打得中，但只要有一發中了，就算是賺到了。

例如剛起步的物聯網產業，大家都非常看好其未來潛力。2014年，台積電董事長張忠謀出席台灣半導體產業協會年會也曾明確指出：「下一個 big thing 為物聯網，它將是未來五到十年內成長最快速的產業，大家要好好掌握住機會。」未來地面上可用、身上穿戴、測量溫度和血壓……等等，都可以和物聯網連結。將來最賺錢的不會是半導體公司，而是物聯網公司。

雖然物聯網可連結的領域很寬泛，很有前景，大家也知道這是大趨勢。但是相關支持技術能否突破，多久時間後才能突破，誰也說不準。面對不確定環境，誰都不敢篤定押哪個項目一定會中。所以聰明的業者大多採用兵分多路、多方押寶的下注模式，寄望能押中明日之星。某科技業者說：「大家都在夢想物聯網有一天會變成大眾，而不只是小眾……，這就像買樂透，每天買兩張、三張，金額不大，但中了就發了。」2014 年聯發科成立創意實驗室（Media Tek Labs），集合起所有押寶的對象，協助他們將想法變成產品。這種多方押寶的方法，就是兵分多路的概念。

模式 2：低成本偵察──絕對不要派主帥去探險，而是找皮厚耐打的小兵去偵查

在遊戲時面對前方狀況不明，玩家需要分兵去探索。但我不會派正規軍或主帥，而是派生產成本低的工人、農夫或老百姓，縱使半路陣亡也比較不會心疼。這個小兵在實務上可稱為 MVP（最小可行性產品：minimum viable product），意指用最快的速度建立一個可用、簡明的產品原型，用來試探市場接受度。它存在的目的並不在搶占灘頭堡或陣地，而是刻意要讓產品面對失敗。而且能夠愈快失敗愈好，如此才能提供正規部隊足夠準確、協助快速轉向的決策依據。

蘋果公司（Apple）開發的人工智慧助理軟體 Siri，是一套可幫用戶接電話，將語音轉成文字，再由 iCloud 服務將轉換好的文字發送給用戶的系統。就技術層次而言，蘋果公司評估要做到「雲識別技

術」的難度非常高，縱使克服了技術難度，也不確定用戶是不是真的需要那種需求。在尚未證明需求強度的情況下，貿然開發人工智慧語音識別技術，若不慎失敗，將浪費許多金錢與時間。

那怎麼辦？聽說蘋果 Siri 語音系統剛出來時，並未完全開發出語音識別技術，而是先安排很多印度人在後台，透過人工接電話代替雲識別技術。先去驗證用戶願不願意通過這個介面互動？數量有多大？應該如何對話才能讓使用者滿意？最後將這些經驗轉化為開發 Siri 的依據。

有很多不同方式的操作手法都算是 MVP 的概念，例如紙製原型測試。設計完手持搖控器後，到底好不好用，造型要不要修改？若真花錢投資下去，真正開模具把產品做出來才發現不對，重新修正的損失會很巨大。不如設計好後，先用硬紙板做一個同等規格大小的產品，交給消費者測試，收集他們的意見，進行修改，這就是 MVP 的概念。

模式 3：後發優勢 —— 透過盟友獲得偵察資訊，等戰場資訊較為明確，我再快速搶攻市場

這個作戰思路與動態競爭階段先不要跑太快，等局勢明確再全力衝刺的概念雷同。用管理學語言來表達，就是說不要太急於創新，必要時該模仿就勇敢模仿。

有家網路購物公司規模不大，卻培養了一百多位買手，算是公司最大的一個部門。這些買手的工作就是每天到 Amazon 網站，每人專

注盯緊一項產品，去看使用者對競爭者產品的負評與銷售量。若銷售量大，表示這類產品有一定的市場需求。若有很多負評，表示這項產品有很多地方需要改進。綜合起兩項指標，他們就專挑銷量大、負評多的產品進行改造，然後直接賣給消費者。這家公司成立十多年，營業額年增率都是 30% 以上。

美國管理學者曼斯菲爾德說：「人們一直有一種主觀傾向，認為創新者獲得了創新的全部好處，模仿者卻可以被忽略不計。」事實上，企業有時過於強調創新，卻忽略模仿對作戰致勝的價值。倘若模仿者能觀察創新者的路徑與手法，並對其改進，以迎合市場真正需求，將能避免早期產品發展的缺陷和風險。進而可讓企業減少研發與試誤的先期投資，進而將資金與精力用於後續改進。

四、打造智慧性失敗，摸索市場發展路線

市場發展路徑不是計畫出來，而是有計畫地摸索出來

回到這一章一開始的問題：市場路線是計畫還是摸索？

在動態競爭時代，市場路線是摸索出來，而不是透過計畫而來。杜克大學希姆·西特金（Sim Sitkin）教授曾提過，企業應該發揮主動精神，積極安排實驗，刻意打造「智慧型失敗」（Intelligent failure），以增進企業從受控的試錯過程中學習，這就是計畫性摸索市場的概念。而要有計畫性地摸索市場，除了從「手法面」、「組織面」及「操作面」，讓企業學得快、學得好的模式之外。更要注意幾個觀念：

觀念 1：以系統思維輔助

你和競爭者都努力摸索市場，洞悉消費者需求，你做得更好、看得更遠的關鍵在於，別人是問出來，而你是輔以推導假設再進行驗證而得出來的。意思是說，除了問消費者的需求調整改變之外，也應該注意政經變化、技術突破，並推導其對客戶未來使用體驗的影響，才能比對手看得更遠一點點。

在動態環境下，顧客現在和未來的需求往往存在巨大的差異。但是現在的消費者不見得能察覺未來的他需要什麼，你再怎麼問也是白忙一場，這時只能先以推理的方式引導驗證的方向。例如：你可以從目前政治、經濟、社會的細微變化，推敲出未來顧客的需求方向。雀巢是世界知名食品公司，2000 年代其 70% 營收來自飲料、牛奶、巧克力、糖果等產品。但他們觀察到隨著所得增加，消費者可能會轉而接受更健康的食品和生活型態，消費者對食品的偏好也將從甜美好吃轉為低糖低熱量。透過如此推理過程，引導著雀巢摸索市場的方向由消費者需要什麼好吃的食品，轉為摸索消費者想要什麼類型的健康食品。

觀念 2：研究失敗也別忘了評判成功

摸索市場過程中遇到失敗不是壞事，這讓我們理解實驗假設是否有問題，是修正觀點的好機會。反之，成功是否就意味著「實驗假設」沒有問題，不需要修正了呢？未必！成功並不代表沒有問題。

我們習慣從失敗中學習，但很少人會去省思成功背後的真正原因，有可能是運氣或僥倖。若不仔細察覺，還在沾沾自喜、高談成功經驗，失敗將離你不遠了。

心理學有個名詞叫「基本歸因錯誤」（fundamental attribution error），成功時往往會認定關鍵在於自己的才能，以及現有的模式或方法是正確的，而忽略了一些隨機事件影響。這樣可能會讓我們過度自信，不去深思造成卓越表現的原因，斷定以後可以不必做任何改變。

若你不對成功經驗做進一步測試、實驗與反思，很可能會形成學習障礙，蒙蔽了對未知環境探索的成效。所以我們應該平等看待成功與失敗，必須像追查失敗原因一樣，同樣嚴謹檢討成功背後的因素。

互動練習：勤摸索

冰淇淋市場快速變遷，冒出許多自有品牌搶占千禧世代的年輕族群。聯合利華發現自己的品牌形象趨於老化，與年輕族群脫節。他們不了解年輕人的想法，不知道他們的需求，市場占有率逐漸被偷走。聯合利華該如何搶回年輕族群的冰淇淋市場呢？

掃描看
詳解影片

第 5 章

市場轉型，潛行或跳躍

第 4 章「勤摸索」的目標是要看清楚消費者需求變化，並比競爭者看得更遠、更清楚。接下來還必須慎重決策。要不要跳躍？跳到不同路線還是維持在現有路徑發展，這就是本章要講解的宏觀角度主決策——慎跳躍。

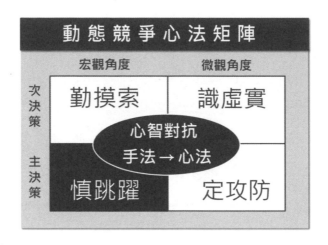

　　縱使「勤摸索」出未來方向了，但仍不能保證前方已備妥一條康莊大道。眼前的路可能是支離破碎，還需要靠你跳過去，努力與用心去修補、拼湊，你才能在新路線上站得穩，走得順。

　　就像傳統零售業被電子商務逼到快要窒息，但有些零售業者發現可以結合大數據，成為以消費者體驗為中心的新零售形態，進而順利轉型。例如：傳統零售業深度融合了「超市」與「餐飲」，讓消費者在店裡吃到滿意料理後，可以現場購買或是透過 APP 下單，取得相同等級的食材。甚至可以透過 APP 線上學習料理。

　　這的確是一個可跳躍的方向，但是眼前仍有許多配套措施尚未完

成，有待解決與整合。例如：你能掌握消費者需求嗎？你具有優化消費者體驗的技術嗎？你能有效將信息流、現金流、商品流緊密融合嗎？所以，跳得準並不保證一定成功，因為那很可能是條支離破碎的小路，跳過去之後，你還得努力解決許多問題。成敗關鍵在於後續如何將支離破碎的路線重新組合、修正，以開闢出一條可行的道路。

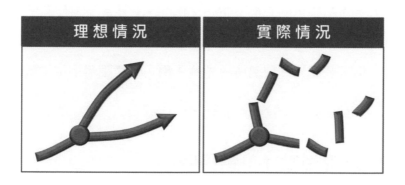

所以研究「慎跳躍」並非只是討論跳躍方向是否正確，還必須探討兩項重點：「跳得對」與「跳得好」。前者是跳的方向是正確的；後者是跳過去之後，是否能夠活下來。

■慎跳躍重點 1：跳得對

企業經營轉型、重定位的跳躍，不是將現有經營策略重新調整並訴之於文字，喊喊口號就可以了。如第二章所說，動態競爭環境有七種市場地形，並不是每種地形都可以毫不猶豫，勇敢跳下去。該不該跳？跳到那裡？跳的位置好不好？這都是「跳得對」要面對的課題。

■慎跳躍重點 2：跳得好

　　但是跳過去還不夠，只是開始而已，重點是「跳得過去」還要「活得下來」。所以除了「跳得對」，討論慎選轉型跳躍方向（where）之外，還要「跳得好」，探討跳躍時機（when），以及跳躍方式（how）。早跳或晚跳，不同時間點進行跳躍動作；跳得快或慢，不同的跳躍方式，結果可能完全不相同。例如，有些產業縱使有前景，但是障礙重重，早跳只是去替後進者開路，不如先觀望一下，晚一點跳也不錯。但有些產業的關鍵技術先搶先贏，縱使困難重重，還是要放膽提前跳躍。

一、慎跳躍重點 1：跳得對

　　講到不連續時代的市場轉型，大多會聯想到 Nokia 在 3G 時代的挫敗。技術由 2G 轉變為 3G，手機從單純通信功能跳躍轉型為上網、娛樂功能。整個技術革新創造出客戶的新價值，讓手機產業徹底被顛覆改變。

　　但問題是，並非所有的企業都會面臨這麼嚴重的巨變。像我身處的管理顧問業，技術突破創新對我的影響甚微。不論是 AI 人工智能、區塊鏈……等技術突破，我一樣原有的課照講，沒有差別。我的時間有限，一年也只只能講授那麼多時數的課，既有客戶維持好就快忙不完了。或是像我辦公室樓下賣牛肉麵的路邊攤，三、四十年來的經營方式沒什麼改變，只要牛肉湯頭夠味道，口碑相傳，就能門庭若

市。牛肉麵連鎖經營帶動的商業模式改變或煮麵技術的突破創新，對他們的生存影響不會太大。

所以研究「慎跳躍」的第一步，必須釐清眼前的產業類型。它是像 Nokia 的手機產業，還是像我所處的顧問產業，甚或是賣牛肉麵的產業。不同的產業型態，就把它想像成不同的地形樣貌。在跳躍前，必須先釐清我們是面對哪一種地形，這會影響後續跳躍的方式。

如何判斷山高水深

在動態競爭市場準備跳躍時，可能會遇到哪些不同的地形地貌？

我建議從兩項變數研判：「山高不高」與「水深不深」，區分各種類別的地形地貌。假如「山不高、水不深」，那我會放手快速去跳，縱使跳錯方向也無妨，再跳回來就好。倘若「山又高、水又深」，那一定要謹慎決策，慢慢跳，因為跳錯了方向回不來，跳錯了方法就跌到谷底！這是「地形地貌」影響跳躍方式的概念。

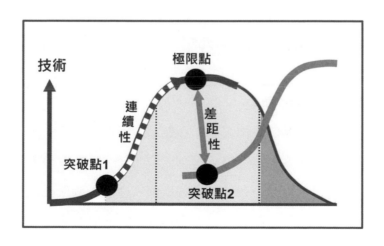

我們可以從市場發展曲線，找到三個點來詮譯「山高」與「水深」。

「山高不高」代表著市場技術的難度，亦即「突破點 1 →極限點」之間的距離遠不遠？這個距離，我稱為「連續性創新」。假如「山很高」，就說明現有市場還有一段很長的發展空間，你能透過持續研發，將競爭優勢維持很長的一段時間。相對於餐飲服務業，高科技行業的技術專業性通常比較高，可供持續研發的空間非常大。假設你從事餐飲服務業，縱使店面裝潢漂亮，然而競爭者只要敢投錢，一定也能找到裝潢業者做得比你更漂亮。所以就餐飲服務業而言，「突破點 1 →極限點」的距離不會太遠。

「水深不深」代表著新市場曲線與原有市場曲線的差距，亦即「極限點→突破點 2」之間的距離遠不遠？這個距離，我稱為「差距性」。通常新舊市場曲線距離很遠，代表著現有市場與未來市場兩者的消費者需求與商業模式差異非常大。例如：1G 手機和 2G 手機基本功能差距不大，都是提供通信功能。但 3G 重視上網娛樂功能取代了 2G 的單純通信，差異性就非常大。

動態競爭市場三種模型

第 2 章講到動態競爭市場有 7 種類型，現在要用「山高水深」的概念，來區分不同的市場情境，告訴大家如何在動態競爭市場上選擇適合的跳躍模式。我們可以從 7 種類型裡，挑出 3 個代表性類型進行推演：

動態模式 A：市場大方向連續性發展，小方向會搖擺，縱使偏離很快還是會整合。

　　動態模式 B：市場大方向連續性發展，小方向會分歧，但還是維持平行發展。

　　動態模式 C：市場大方向呈現高度不連續性發展，完全是新路線。

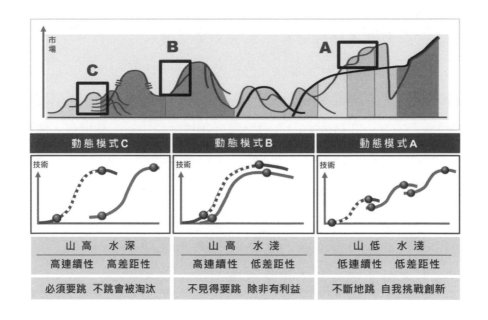

動態模式 A：山低水淺，低連續性與低差距性——

市場大方向是連續性發展，小方向會搖擺

　　由於技術層次不高，無法發展出另一條獨立的市場路線，最後

還是會被整合到原有大方向。這就像是餐飲業，常常會有突破創新，例如：餐盤全部改為外國進口，或特別聘請名廚師進駐。這些創新都不算是獨特性的高技術層次，能連續改善維持長久競爭優勢的空間不大。競爭對手若也進口外國餐盤，或也去聘請名廚進駐，大家又都走回無差異的路線。你不斷創新改善，競爭者也不斷模仿追隨，大家在相同大方向上不斷開與合，以搖擺方式前進。

動態模式 B：山高水淺，高連續性與低差距性──市場大方向是連續性發展，小方向會分歧

由於技術可持續研究發展，追求領先優勢的空間很大，算是「高連續性」。但在這類型技術上會衍生出不同的小特色。例如：筆記型電腦是大方向，在這大方向上會出現追求性能穩定的商務機種，或是訴求輕薄短小的時尚機種。在大方向上都是筆記型電腦，但不同機種代表著在大方向上，其他平行發展「差距性」較小的路線。

動態模式 C：山高水深，高連續性與高差距性──市場大方向呈現高度不連續性發展

這是典型的顛覆性創新，就像是 3G 手機顛覆 2G 手機。不論是 2G 或 3G，其技術層次非常高，任何廠商一進入此市場，就面臨著必須持續改善與研發。但 2G 重點在通信，3G 重點在網路娛樂，完全不同的消費需求與使用價值。這種模式算是「高連續性」與「高差距性」。

四種產業地形地貌型態

面對這些不同的動態模式，企業該如何跳躍與因應呢？

我在讀 MBA 時曾經學過一個產業分析模型，以「優勢強度」與「優勢方法」為兩個座標軸，將市場現況區分為四種產業類型。用這個模型可以很容易地說明三種地形地貌的跳躍方式。

■第 1 個座標軸：優勢方法

意指在這個產業裡，想要創新、發展出自己商品特色或競爭武器的方法多不多？比如說傳統代工組裝產業，同業間的競爭方法不外乎是把產能做大，透過規模經濟效益降低成本，可用做競爭武品的方法並不多。但若是餐飲業，可創造優勢或商品特色的方法相對多很多，餐盤精緻、服務態度好、店面裝潢漂亮……等，都能創造你與競爭者之間的差異。

■第 2 個座標軸：優勢強度

意指這個產業所創新出來的優勢或武器，是否具有強度，不容易被超越？例如汽車業，可特別著重強化汽車省油、堅固、馬力強……等，任何一項優勢都需要投入大量時間與精力來研發，一旦研發成功，不容易輕易被超越，這就代表優勢強度很高。透過這兩個座標軸，可切分出四種不同類型的產業型態。

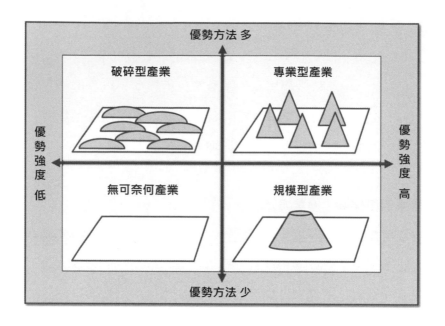

型態 1：破碎型產業——取得優勢方法非常多，優勢強度都不高，很容易被模仿

　　許多小規模的零售店、餐飲酒店、顧問業、微商……等，都屬於這種產業型態。若以地形地貌來比喻，他們就像是小山丘，要攻上去不難。就企業經營而言，山丘不高代表建立優勢並不需要大量投入研發，生產設備可以是買來的，技術也很容易模仿而來。但是因為技術層次不高，競爭者也很容易攻上來、追上來。這類型產業的業者一定能感受到，這種地形易攻難守。

型態2：專業型產業——取得優勢方法非常多，優勢強度非常高，很不容易被超越

大多為尖端科技或需大量研發投入而創造出強烈差異性的行業，例如：有些汽車產業強調優勢是省力，有些強調馬力特別強……等等。這些不同優勢都必須投入大量資源、長期經營鞏固，就像有許多山頭林立的高山群。要爬上每座高山會很累，可是一旦搶占到山頂，別人要攻上來並不容易。這種產業算是難攻易守。

型態3：規模型產業——取得優勢方法非常少，但只要建立優勢，就不易被超越

例如：在電子商務尚未興起前的實體零售行業，開店的技術層次不高，唯一的武器就是透過展店擴大規模，以低成本的經濟效益創造競爭優勢。產業地形就是一座高原，沒有太多可選擇的方向。市場經營就是一路往上衝，誰能先衝上山頂，誰先贏。

型態4：無可奈何產業——沒有什麼方法可突破，縱使有，大家也都做得差不多

例如：傳統代工組裝產業，同業之間的生產機器設備都是從外界購買，同質性非常高。你能做的別人也都能做，幾乎沒有什麼獨特之處可當作競爭武器。縱使勉強找到一些和別人不一樣的差異，消費者不見得感受得出來。產業地形就是一片平原，無險可守。

二、3 種動態模式的跳躍方法

我一直覺得策略規劃不需要太複雜的公式或定律，反而應該愈具象化愈好。前面所講的「動態競爭市場三種模式」是一條二維曲線，「四種產業地形地貌」則是三度立體圖。光看二維曲線並不容易激發對市場環境的認知，但若能將二維曲線與三度立體圖相結合，相信我，你不需要再去查課本定律與公式，很快就能搞懂如何跳躍，如何打仗了。

動態模式 A：快速跳躍，自我挑戰創新

動態模式 A 屬於「連續性低，差距性低」的市場。因為連續性低，要持續拉高技術優勢並不容易，這代表山不高；差距性低象徵著不同市場之間差異不大，代表著水很淺。這種山低水淺的型態比較像是許多小山丘分布的「破碎型產業」。

山丘低，攻上去很容易，相對也不容易守得住，所以每座山丘所代表的優勢都是暫時性的。企業因應的方法就是趕快找別人還沒有注意的山頭，趕快攻上去，先撈多少算多少。在別人準備模仿、攻上來時，你也不用守，反正山丘很低不容易守，而且還有很多山丘可選擇，守山丘所付出的代價，遠比你找新山丘的成本來得高。不如主動放棄，轉移到另一個山丘去。

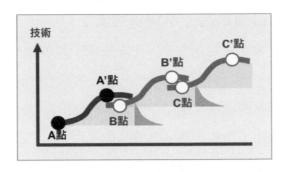

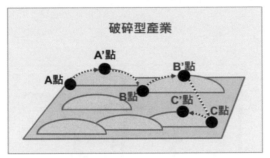

新聞集團（News Corporation）創辦人兼執行長梅鐸（Rupert Murdoch）說：「世界處於快速變化中，想要以大勝小的局面不復存在了，取而代之的是以快制慢。」以快制慢的跳躍模式特別適合破碎型產業！以前我們老是想從預測環境、分析市場、發展策略……等步驟謀定而後動？不用了！做策略不用想太多，反正優勢也都是暫時性，別人很快就模仿，守得住也不見得划得來。最好的因應方式就是不斷變化，愈快愈好！透過持續性創新不斷放棄舊優勢，發展新優勢。

動態模式 C：必須跳躍，不跳會被淘汰

　　動態模式 C 屬於「連續性高、差距性高」的市場，代表著山高水深，像是山頭林立的「專業型產業」。山高水深的地形地貌要衝上去很累，所以不要亂跑亂跳。選定一座值得耕耘的高山就努力往上衝，同時在山腳、山腰上構築層層的防禦性碉堡、陷阱，以防追隨者跟上來。但如果這座山上的資源消耗殆盡，你千萬不要眷戀，務必及時跳到另一座高山。

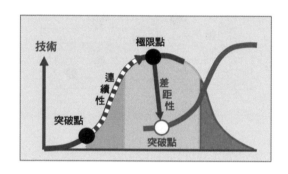

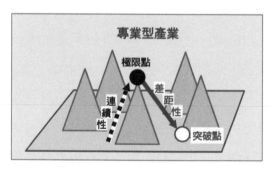

這種市場模式就像是《第二曲線》中所提，有一種可改變或推翻原有市場的新技術出現，使原市場逐漸被淘汰。有如 2G 手機被 3G 手機淘汰的模式：當 2G 手機剛興起時，距離到達市場極限點前還有一段很長的路，這時候企業應該進行連續性創新。但是在快達到極限點前，3G 手機逐漸興起，大勢所趨，企業務必及時跳到新的市場曲線。

動態模式 B：不見得要跳，除非有利益

　　山高水淺，連續性高，差距性低，比較像是產業裡只有一座大高原的「規模型產業」。這個產業只有一個山頂目標，就是透過擴大規模追求經濟效益，誰先達到山頂，誰先贏。

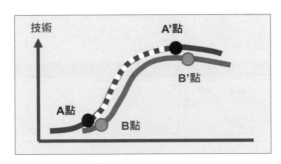

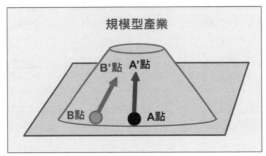

就企業經營而言，攻上山頂的路線有很多條可以選擇（例如：B點到 B' 點，或 A 點到 A' 點）。在規模擴大的同時，你可以提供更好的服務，也可以提供更好的品質，但這些代表不同攻頂路線的額外附加特色，都比不上規模效益更具有決定性影響。也因此，企業不用花太大心思去想跳躍，先把自己做大、做快更重要。除非評估過後發現另一條路線能帶來更大利益，否則無須輕易跳躍。

動態競爭市場上的跳躍模式

綜合以上論述，我們做了好多層的思路轉換。從最初「動態競

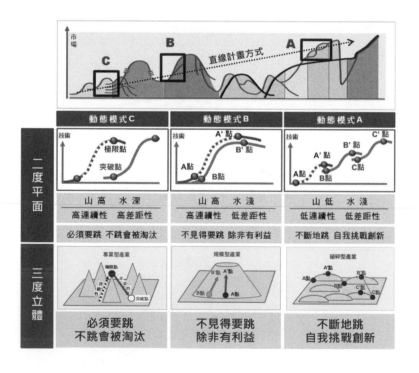

爭七種市場類型」談起，然後我指出動態競爭市場不能用靜態思維，以直線計畫方式，用同一種方法就想走遍天下。那在靜態環境尚屬可行，但在窮山惡水的地形上必然會失敗。我又特別從這七種市場類型裡，以「山高」與「水深」區分出 A、B、C 三種不同的動態模式。然而，「山高水深」是二度思維，我更進一步以三度立體視角的地形地貌呈現。你有沒有發現，用三度立體的具象化更容易啟發你，如何在動態市場上進行跳躍決策。

三、慎跳躍重點 2：跳得好

「跳得對」表示跳到正確的路徑上。除此之外還有一個問題，就是跳過去的姿勢是否好看？跳過去一定活得下來嗎？這些都是「跳得好」所關注的項目。怎樣才能跳得好，其實並沒有標準答案，關鍵在於你要跳躍的山有多高？水有多深？所以還是讓我們分別針對變動模式 A、B、C 三種不同地形地貌，各該如何「跳得好」進行說明。

動態模式 A：快速跳躍，自我挑戰創新

跳躍方法 1：細分消費者需求，提高靈活能力

如何才能夠跳得好？跳得靈活？關鍵在於山丘多不多！若你眼前能看得到的山丘只有兩、三座，相對於眼前有二、三十座山丘可供選擇，後者的跳躍靈活度一定比前者來得好。問題是，山丘數量是否

能改變呢？眼前可供選擇的兩、三座山丘是不可改變的事實？還是可以被人為改變呢？

要回答這個問題，必須先回到山丘的本質！何謂山丘？先不要把山丘當作真實的山丘，其實它的概念就是消費者需求。一座座山丘代表著不同的消費者需求，比如說，服務態度好是一座山丘，餐盤精緻又是一座山丘。企業可以努力提升自己以滿足消費者需求，用來當作強化市場競爭的武器。

然而作戰除了要有武器之外，還可以細緻化消費者需求，以增加武器數量。例如：「服務好」這一個山丘可做為市場競爭的武器，但你可以進一步細化為「保固服務好」、「維修服務好」、「售前服務好」。「保固服務好」也可以再細分得更仔細，包括「保固期限長」、「保固範圍廣」。

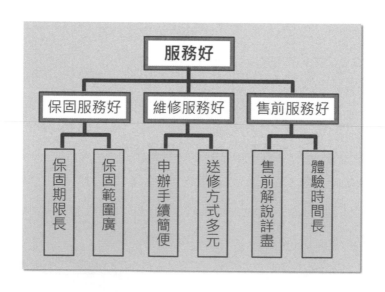

功能細分後不只增加競爭武器數量，更能強化競爭武器的犀利度。例如：「服務好」的方式很多，分別滿足不同消費族群，你要滿足哪一群人呢？不要妄想滿足每一個消費群，那會變成定位模糊。但可以從「服務好」再細分，鎖定「售前服務好」。因為有些人對產品比較陌生，在購買之前需要企業的詳細講解，並且在購買前有機會操作體驗。所以若能再細分專注於「售前服務」，可使武器細化得更犀利，有助於更精準掌握這群消費者。

　　常常聽到企業老闆抱怨幹部在想市場作戰方案時僵化、沒創意，我覺得問題關鍵是他們不懂如何把功能切割得更細緻。我常常詢問我所輔導的企業主管，什麼是你的競爭武器、競爭優勢？一般企業主管大多回答品質、服務、包裝……等等少數幾項。武器數量少，表示你面對市場競爭會很快就沒有牌可以打，很快就沒武器可運用，很快就會進入價格戰了。其實你該更深入細化武器，就像是「服務好」，若能往下細分出許多不同的服務好武器，你就能像打連環拳一樣，用不同角度攻擊對手，讓他防不勝防。

　　「變動模式 A」的操作精神就是求快，攻山頭不守山頭，對方模仿我，我不擔心。因為他只看到幾座山丘，但是我懂得細分消費者需求。眼前的山丘很多，我就輕鬆跳，我就靈活跳，競爭者永遠沒有我靈活。

跳躍方法 2：先重數量，再求質量，快速移動爭取市場主導權

　　市場行銷常聽到一句鐵律：「人無我有、人有我優、人優我廉、

人廉我跑。」

　　亦即，我產品有特色，別人沒有；等到別人也有這特色，我做得比他好；等到別人也做得很好，我做得比他便宜；等到人家也做得很便宜，那這個市場沒有什麼值得留戀，我就準備放棄趕快跑掉了。這個鐵律只適用在市場生命週期比較穩定的靜態環境。「人無我有」大致是「引入期」，因為我先於其他人進入市場；「人有我優」大致在「成長期」市場，競爭者追上來了，大家都具備該有的功能，我的功能必須做得比對手好。到了「成熟期」就換成比價格，到了「衰退期」就準備跑掉了。然而在動態模式 A 的破碎型市場裡，這項鐵律並沒有那麼適用。

■攻山頭，不守山頭

　　「變動模式 A」的市場競爭重點不在守山頭，而在快速轉移，自我顛覆創新。所以操作方式要修改為「人無我有，人有我優，人優我跳！」。換言之，我先搶山丘，我有山丘對手沒有。若對手也要跟我搶山丘，我就必須做得比你好。假如對手也做得跟我一樣好，我絕不會浪費時間還和你在小山丘上打肉搏戰，寧可跳到另一座山丘，去玩新市場。

■有武器要打，沒武器也要打

　　做 SWOT 分析就是要找出自己的競爭優勢當成作戰武器。但在「變動模式 A」，重點不在有而在快，比競爭者更快擁有優勢，或更快

說出這項優勢。「人無我有」當然可以打，但若「人有我有」，甚至「人有我無」，我還是可以打。這就像是高手過招，手中不一定要有刀劍，縱使是一把雨傘、一根木棍，關鍵時刻都能變成致命武器。

	1	2	3	4	5	6	7	8
	維修技術佳	維修速度快	保固期限長	保固範圍廣	體驗時間長	申辦手續簡便	送修方式多元	售前解說詳盡
自己	●	●			●	●		
競爭者			●	●	●	●		

例如上表，假設有八項消費者需求。第1、2項屬於「人無我有」，是很好的競爭優勢。但第5、6項是「人有我也有」，我並沒有獨特優勢。但沒關係，重點不在於有沒有獨特優勢，而在於誰先講出來，誰先搶占有消費者心占率，誰就有優勢。換言之，第1、2、5、6項都是可運用的競爭武器。

飲用水市場就是典型的「變動模式A」。因為飲用水技術門檻非常低，山丘非常低，不論瓶身好看、水質優良、瓶蓋好轉……等，很快很容易被模仿。當年飲用水市場形成三足鼎立：娃哈哈、樂百氏、農夫山泉，三家都在強調水質純淨，但坦白說，水質除非送去檢驗，

否則消費者哪裡分辨得清楚呢？後來樂百氏提出獨特優勢「27層淨化」，每一滴水都經過27層過濾淨化。別的品牌說自己純淨水好，但說不出哪裡好，為什麼好，只有樂百氏清清楚楚講明白，它採用嚴謹的27層過濾工藝才提煉出一滴水。這一理性訴求深深打動消費者的心，讓樂百氏純淨水快速建立起「很純淨、可信賴」的品質領先形象。

但問題來了，樂百氏「27層淨化」是獨特的工藝技術嗎？並不是，當時所有業者也都採用同樣的技術。唯一差異不在你是否擁有這項獨特優勢，而在於你是否比對手更早講出這項優勢。記住，傳統SWOT分析強調「人無我有」，但在小山丘作戰管他「人無我有」還是「人有我有」，統統可以做為武器，關鍵是先講先贏。

總而言之，「變動模式A」的操作精神就是求快，攻山頭而不守山頭。對方模仿我，我不擔心，我不斷自我顛覆，等他學會了，我早已經跳到另一座山頭了。

跳躍方法3：累積創新，建構品牌形象

「動態模式A」必須快速跳躍，對每一座山丘不能待太久、不要眷戀。不等別人來攻，我就先尋求自我挑戰，放棄原已打出的成果，勇敢跳向另一座未知的山丘。這種快速跳躍轉型的經營模式，與現代行銷管理所講的STP（Segmentation 區隔市場、Target 鎖定目標、Position 確認定位），先確定定位，再進行市場作戰的理路並不相同。STP強調講清楚經營定位，並建立持續的競爭優勢，形成明確的品牌

形象。

　　打造明確品牌形象，搶占消費者的心占率，的確是市場經營競爭的重要準則！但「動態模式A」不斷從一座山丘跳快速跳躍到另一座山丘，又怎麼建立起長期的品牌形象呢？其實還是可以的！但不是鎖定某一項訴求，而是在有計畫地在轉換山丘過程中，累積起明確的品牌形象定位。

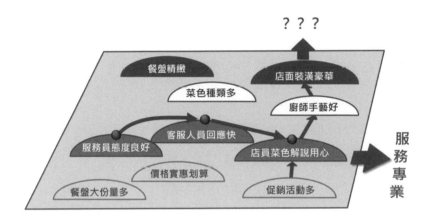

　　例如：餐飲業可以有很多訴求，從硬體層面的餐盤、裝潢，到軟體層面服務態度等等，都是可選擇的競爭武器，也是一座座可持續跳躍的小山丘。但若你第一季主打「服務員態度良好」，把服務員訓練到非常親切。當然競爭者可能也會模仿並很快追上來，但沒有關係，我不與你纏鬥，第二季立刻主打「客服人員回應快」，第三季主打「店員菜色解說用心」，一連串強化與宣傳服務人員的特色。久而久之，消費者心中自然會對我建立起強烈的信任感，逐漸會覺得我是

一家「服務態度特別好」的餐廳。

若你跳躍的山丘之間沒有關聯性。例如第一季主打「促銷活動多」，下一季主打「店員菜色解說用心」，再下一季主打「廚師手藝好」、再下下季主打「店面裝潢豪華」，這種為跳躍而跳躍，各山丘間卻沒有強烈的關聯，最終將讓消費者搞不清楚你的品牌形象。換言之，你的品牌形象是在持續跳躍變動中逐漸累積起來的，不是眷戀著某一座山丘，死守在那座山丘而鞏固起來的。

動態模式 B：不見得要跳，除非有利益

「動態模式 B」的地形地貌就像一座高原，只有往上衝，拚規模經濟以求得競爭優勢。可以想像所有競爭者會像螞蟻一樣，從高原山腳下不同方向，循著不同路線蜂擁而上。對企業經營而言，往上擠是必然，重點是選哪一條路線比較好走。《孫子兵法》說「以迂為直」，只要涉及同業之間的市場競爭，好走、寬闊、直線路徑往往人山人海，從迂迴、旁徑、小路反而會容易走。

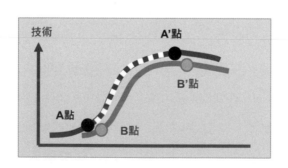

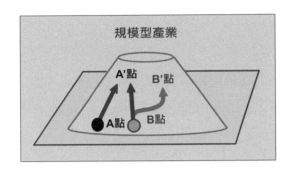

就企業市場經營而言，什麼是迂迴小路？就是主流市場競爭者沒有注意到或想像到的新路線。例如：別人往競爭激烈的主流市場衝，我就轉往耕耘非主流市場；別人關注滿足現有顧客群，我就關注尚未使用的消費者。蓋瑞·哈默爾（Gary Hamel）在《啟動革命》一書中說：「戰略的本質是多樣性的，但是如果人們不能用多樣性的方式觀察世界，就不會有戰略的多樣性。在開啟公司的想像力之前，你必須學會如何開啟自己的想像力。」亦即，不要一定以為要發現新路線就一定要有新技術的突破，有時只要有一些新思維、新視角改變，就能找出新路線。

改變視角 1：發展新顧客，更甚於關注舊顧客

為了在「A 點至 A' 點」路線上競爭，我們必須比競爭者更關注現有顧客，方能保持市場占有率。此時，我們大多會專注於讓現有顧客更滿意，導致市場策略往往被現有顧客引導。但是這樣往往只會在現有路線上，找到比現有競爭者更優異的方案，結果又導致更激烈的

競爭循環。

要走迂迴路線，就必須把焦點放在非現有顧客身上，弄清楚為什麼他們直到現在仍然拒絕購買目前的產品。你最該去了解這群人是出於哪些因素限制了消費？若能改善這些因素，就能開闢出一條迂迴小路，引導你脫離惡性競爭。

早期中國網路購物市場 Ebay 最大，它資源雄厚且具有先發優勢。Ebay 依據其全球戰略打造出專業的國際交易平台，已成功在全球 27 個市場立足。在中國市場裡，Ebay 深受高端白領人士喜愛。後發品牌淘寶網想競爭，倘若先去訪問這些高端白領顧客，獲得的訊息不外乎就是專業、全球化。

但淘寶網不這麼做，反而去關注那些還不想用 Ebay 的非高端白領人士，才發現大部分中國賣家都很土，層次跟不上。根本看不懂太複雜的界面，也不關心全球化電子商務，只要將產品賣到別省市他們就很滿足了。於是淘寶網就走上這條迂迴的新路線。淘寶網總經理孫彤宇說：「我有一個夢想，讓電子商務『土』得掉渣。你說這個新路線是怎麼來的？就是從了解非顧客身上找出來的。」

改變視角 2：切割市場時，也應思考如何瓦解區隔市場

一般營銷管理非常強調「STP 分析」，亦即透過區隔市場，找到目標市場做為市場利基定位。理論上競爭愈是激烈，愈應該集中定位，與競爭者形成差異。競爭者定位「中年人市場」，我集中定位為「中年、女性市場」；競爭者精準定位「中年、高學歷、女性市場」，

我更集中定位為「中年、高學歷、高所得、女性市場」。按照這樣區隔方式演變，市場愈分愈細，縱使愈具有利基性，但市場競爭將愈趨激烈。這種情況就是敵我雙方共同在「A 點至 A' 點」路線上相互追逐移動，愈走愈重疊，愈走愈割喉，最後兩敗俱傷。

以迂為直，重點不在鬥，而在找出一條新的小路，迂迴穿插找出新格局！你可以設法從不同市場區隔的消費群中找出他們的共同點，並以此瓦解現有市場區隔，重新組合出新的、更廣泛的消費者需求。例如：某餐廳將消費者切割成「外帶年輕群」、「外帶中年群」、「家庭主婦群」、「學生活潑群」、「學生內向群」、「公務人員群」。當然，當競爭激烈時，你若繼續切割、細化，競爭將會更激烈、火爆。

我建議你不要再繼續細分市場了，反而可以逆向操作，試著瓦解市場區隔。例如：有餐廳業者發現「家庭主婦群」、「外帶中年群」與「公務人員群」，這三群雖彼此有差異，卻有一項共同需求，那就是他們都希望能有新鮮健康的午餐。你不如改為提供新鮮健康午餐給這三群消費者。這樣的觀察有助於整合三大族群未被滿足的需求，在同一條競爭路線上，開創出具有新商業價值的新武器。

改變視角 3：新需求創造，更重要於新技術創新

以一般邏輯來說，企業要在競爭激烈的市場上有所突破、有所差異，就必須技術創新。但是在「動態模式 B」的高原地形，技術的可突破性並不高，唯一足以影響成敗的大概就是往上衝，建立規模經濟優勢。既然如此，那該如何「以迂為直」，找出迂迴小路呢？其實

創造新路線不必然與科技創新有關，星巴克咖啡並沒有科技創新，它只是提供一個家與辦公室之外的無壓力第三空間。這些企業之所以成功，不在於科技，而在於簡單化、容易使用、便利、趣味，或環境友善。他們跳脫生硬的機能面競爭，轉而注重消費者體驗，讓大家愛上他們。

想到競爭優勢，一般都會想到技術面、功能面，但是不要忘了，最後出錢買單的是消費者。任何技術或功能優勢，都要轉換成消費者的認知來分析，這就是體驗行銷的概念。當你無法只靠產品的功能吸引消費者，唯一能夠在消費者心中留下深刻印象的方式，就是與他們的心靈產生共鳴。讓消費者透過體驗，對企業或商品產生情感或認同，使他們成為死忠的支持者或粉絲。

例如：大家都是賣家具，但是 IKEA 就是不一樣，它不是單賣家具，而是賣你對未來生活的想像。一般家具行都把家具個別堆在角落等你來選購，看你需要椅子還是桌子，喜歡就帶回去。但是 IKEA 透過布置或空間陳列，以居家生活方式展現家具商品，讓消費者親身感受到，「我家如果變成這樣子該有多好？」讓消費者置身其中就能產生對未來生活的想像與感受。同樣的桌子、椅子，產品功能性已經不可能有太大的差異了，但是 IKEA 利用擺設，讓消費者經由體驗而產生差異性。

動態模式 C：必須跳躍，不跳會被淘汰

「動態模式 C」所處地形是一群易守難攻的高山，但值得你透過

連續性研發提高進入障礙，鞏固市場。然而山的資源也會有耗盡的時候，此時你必須勇敢選擇另一座山，方能繼續生存下去。企業經營也一樣，當原有市場曲線快到極限點前，市場往往會出現許多不同的第二曲線。由於現有市場發展空間已經有限，而新市場與現有市場差距性很大，無法兩者兼顧，必須跳躍，不跳會被淘汰。情況就如下圖所示，第二曲線 B1、B2、B3 就像是三座不同的高山，等待成為企業選擇跳躍的目標。

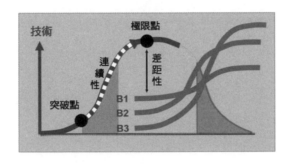

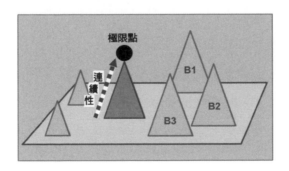

那麼「動態模式 C」該如何跳躍才能跳得好？

其實只要掌握四大決策因素：when 何時跳？ where 跳哪裡？

how 如何跳？及 what 跳躍影響因素？要跳得好並不難。這裡先特別說明 when 何時跳。

WHEN 何時跳？

想像一下，你在一棟失火的房子，準備跳到另一棟安全的房子，該考慮那些因素？我建議不只要考慮現在失火房子的火勢強不強，還必須考慮另一棟安全房子的窗戶有沒有打開，可讓你跳過去？所以「何時跳」必須綜合考量「現有市場」與「新市場」。

1. 新市場：後發優勢或先發優勢

一個新市場，先進入者能搶占先機，建立競爭優勢，阻攔後進者。若市場具有此特質，則稱其具有「先發優勢」。一般先發優勢的來源：

• 率先投入研發，取得技術領先地位。
• 搶先爭取較好的資源，如原料來源、店面位置。
• 搶先獲得聲譽、品牌形象等無形資產。
• 搶先開發市場，提高市場占有率，降低成本。

若新市場情勢不明、產業配套不完全，先進入者需要承擔風險與錯誤，後進者可從其錯誤中學習，而做出更好的決策或商品，則稱此市場具有「後發優勢」。

2. 現有市場：市場線與技術線

企業應從「市場線」與「技術線」研判適合的跳躍時機，太晚或太急都不適當。

企業所看的「Ｓ型曲線」常常是財務曲線，因為習慣用盈利、收入、市值三個指標來觀察市場起伏與經營績效。但財務曲線是果，不是因，是由市場面（市場需求有沒有大幅增加？）和技術面（技術創新是否吸引人？）這兩項因素綜合導致而產生財務盈虧。但這兩項指標相對財務面而言，較不容易被觀察到，所以許多企業做年度報告或市場作戰研擬時，還是習慣用財務指標進行決策分析。

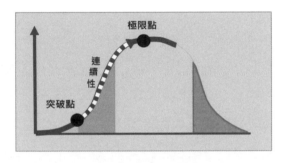

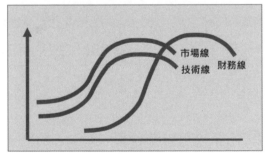

然而，使用財務指標研判市場是否達到極限點、是否到達該跳躍時刻，還是有問題存在。因為財務線是果，背後是由市場線、技術線組合而成。換言之，當財務線達到極限點開始往下滑時，你的市場線與技術線早已經下滑了，早已經過了極限點，無力挽救了（如圖）。只是因為發展慣性，還能協助你在財務線上多走一小段。

　　所以在解釋「when 何時跳」時，應該先要求自己不光只看財務面指標，還應該往前看，看看影響財務指標的前置指標：市場面、技術面、組織面。若單從財務指標來研判跳躍時機，將會錯失時機，為時已晚。然而又該如何判斷市場、技術這兩條曲線快達到「極限點」了呢？

■市場面

　　如何判斷市場需求已經出現疲軟？是否已快達到市場線極限點？當市場還在快速成長階段，消費者需求熱絡，價格需求彈性很低，縱使提高價格，消費者還是購買，對需求量影響不大。但是當你一提高價格，消費者就會大量流失，那表示消費者認為此商品不是非常必要，且已經有其他替代方案了。這就是市場曲線快到極限點的時候了。

■技術面

　　持續提高產品性能，消費者無感，滿意度不會提高，這說明市場用戶習慣已經改變。一般技術突破所帶來的效益若是無法帶動消費者對價值的感受，大概就是快到極限點了。這就有如以前的電腦作業系

統，從 DOS 進化到 Windows 是重大突破，但是從 Windows Vista 進化到 win7、win8，許多消費者對其改變無感，代表著技術面已達到極限了。

有一個最簡單的判斷準則：當你發現在現有市場逐漸看不到下一波可能的明星產品，大概就代表這一條市場、技術曲線已經快到達極限點，你就應該準備要跳了。有一本書叫《失速點》，書內說明任何企業一旦遭遇極限點，開始往下滑，重新恢復增長引擎的可能性只有4%。換言之，當你超過極限點，往往是來不及了。

HOW 如何跳？

確定跳躍的時間點之後，後續要研究如何跳。一次豪爽地跳過去，還是分批跳過去？跳得很急？還是慢慢跳？

一般我會考慮以下兩個變數，並形成以下跳躍決策的選項：

舊市場，市場面與技術面是否快達到極限點，分為緊急與不急。

新市場，是否具有先發優勢或後發優勢。

		新市場	
		先發優勢	後發優勢
原有市場	緊急	趕快跳	轉移市場
	不急	分兵作戰	慢慢跳

■跳躍決策1：趕快跳

原有市場緊急，新市場具有先發優勢，請趕快跳，機會不等人，不要戀眷原有市場而耽誤了跳躍。你不跳別人會先跳，等到你覺醒想跟著跳就來不及了。

■跳躍決策2：分兵作戰

原有市場不急，但新市場具有先發優勢，請分兵作戰。一支部隊繼續留在原有市場耕耘發展，派遣另一支先鋒部隊到新市場搶占先機。

■跳躍決策3：慢慢跳

原有市場不急，新市場具有後發優勢，請慢慢跳。繼續發展原有市場，並觀察先進入新市場的競爭同業，視其成敗情況進行修正，謀定而後動。

■跳躍決策4：轉移市場

原有市場緊急，新市場具有後發優勢，請轉移市場。快到達極限點的原有市場已是夕陽產業，但是先進去新市場不具有先發優勢，很容易被模仿而超越。前無去路，後有追兵，不如放棄。

例如，照相軟片就是「趕快跳」的例子。新市場是數位相機。就技術發展潛力而言，數位相機絕對可以完全取代即將步入夕陽產業的照相軟片。柯達軟片（Kodak）除了是舊市場的領導者之外，也擁有

許多新市場數位相機的專利技術。照理說，柯達軟片完全有能力跳躍到數位相機市場，並取得技術領先的先發優勢。壞就壞在柯達擔心數位相機發展速度太快，會浸蝕到原有金牛級軟片市場的經營獲利，想方設法控制數位相機發展速度。但機會不等人，你不跳別人會跳。等到你覺醒想跟著跳躍，已經來不及了。

又例如太陽能產業，就是典型具有「後發優勢」的例子。太陽能電池品質要好，關鍵在電池轉換效率，而搶先進入者可藉由提早投入研發而具有品質上的優勢。但此優勢在客戶眼裡的差異並不明顯！若能做出性能更好的產品，即使售價增加50%，客戶仍然願意買單，投入做出好品質就是有意義的。但太陽能產業不一樣，縱使電池轉換效率較高，但賣的電也不會變得比較貴，對客戶而言，寧可買效率差一點但便宜的產品。這代表搶先做出好產品，並不見得能帶來「先發優勢」。

此外，真正影響太陽能產業經營績效的關鍵是生產設備。2010年生產太陽能電池的舊設備一天能生產30000片，但2016年最新設備一天產能高達120000片，整整高了三倍。而且2010年買的設備經過五年折舊後，殘值竟然比2015年全新設備還高。由於太陽能電池生產設備更新速度太快，而且設備價格下降也很快，導致先進入者先搶買設備後，被後進入者以更快、更便宜的設備超越。既然如此，何必太早進入市場？假如你在原本市場經營得不錯，不急著跳。面對後發優勢的新市場，大可選擇「慢慢跳」，視先進入同業的經營情況，再決定你將採取什麼方式與策略進入。

四、慎跳躍之轉型與塑形

講完了如何在不同動態模式的市場上「跳得對」與「跳得好」之後，還要處理一件更重要的事情：跳過去之後，如何調整組織結構與資源配置，鞏固戰場，拓大戰果。跳得好、跳得對是「轉型」；調整組織與資源是「塑型」。「轉型」時，跳躍是作戰單位的任務；「塑形」時，調整組織與資源是後勤單位的責任。兩者必須相互搭配，方能發揮作戰綜效。企業從現有市場跳到另一個市場，其行業邊界、競爭對手可能會有很大的改變，連帶競爭的商業模式、作戰手段也會產生巨大差異。所以跳過去之後，還必須進行組織重組、資源轉換與文化調整，這些都是塑形必須考慮的議題。

例如：2000 年時，中國家電零售業競爭優勢主要來自擴大連鎖店數量，以及提高規模經濟效益。因此蘇寧電器與國美電器兩大品牌，不斷著力於零售網點的擴張與整合。經過 20 多年競爭後，蘇寧連鎖店數量已經超過了國美。但是沒想到，此時中國電子商務發展突飛猛進，線上商店快速取代線下商店，網路銷售快速飆昇，使得蘇寧不得不成立「蘇寧易購」，從實體零售分兵轉型跳躍到電商銷售，並形成「線上」與「線下」結合，兩者並行的經營路線。

跳過去不難，難就難在如何調整組織結構與資源配置，以搭配轉型新路線。因此蘇寧也立即啟動了「塑形」計畫，全面盤點「商業模式」、「資源配置」與「組織文化」等方面，並進行組織變革。

塑型計畫 1：商業模式變革

　　傳統家電零售經營最大特點是及時收現金，並盡量拖延支付給供應商的款項，光是掌握手上現金周轉，利息就賺不少。但是這種節約流動資金、迴避經營風險，先從自己好處著眼的經營模式，較沒考慮到供應商的利益。在電子商務尚未興起前，生產廠家必須依賴蘇寧的通路，只好忍氣吞聲。但是當電子商務蓬勃發展起來，供應商多了線上通路可供選擇，就不見得還需要跟蘇寧合作。

　　蘇寧電器意識到這個危機，因此開始調整自己原有的商業模式，轉變與供應商的合作模式。從相互零合、我要獲利必須從你身上掏，轉變為蘇寧與供應商合作把餅做大。蘇寧提出建設四大平台新計畫：開放資源平台、智慧供應鏈平台、雲服務平台與戰略型廠商合作平台。將資源開放與供應商共享，進銷貨訊息與供應商分享，從獲利來自於壓縮供應商利益的角度，主動調整為與供應商分享資源，創造雙方共榮。自己與供應商成為了伙伴，打開新的商業模式。

塑形計畫 2：資源配置變革

　　當蘇寧進入電子商務線上經營之後，不得不面對線上消費者非常在乎快速瀏覽、快速收貨的偏好。這時候，及時、準確和低成本的物流與倉儲系統，將成為「蘇寧易購」與其他電子商務競爭致勝的重要關鍵。過去蘇寧電器的店面物流是交給幾家物流企業運送，雙方是合作關係，蘇寧對其控制度不高，很難要求現有合作物流業者全力配合，改善物流速度與準確性。因此蘇寧決定，將大量資源從展店改為

投資建設能由自己控制的物流系統。

塑形計畫 3：組織文化變革

實體家電零售連鎖店面分布廣泛，但各省、各區域市場情況不見得完全相同。為了讓各零售點能配合區域獨特需求，提升各區域的適應與反應能力，免不了適度將部分營銷與採購分權給區域零售。但是消費者在網路商店上看到的資訊必須是統一的，網站不可能同時呈現出不同區域的商品訊息、促銷活動與銷售價格。因此過去「地方分權」的經營模式與相應而生的組織文化，勢必要部分調整為「中央集權」的經營風格。這時候，獎金制度、激勵考核制度……等軟性文化面也需要跟著調整。

轉型與塑形就像是拳擊手的左右手，必須相互搭配，方能產生真正的作戰效益。轉型方向正確，塑形立刻跟上，組織文化、商業模式、資源配置……等配套措施同步調整。然而面對「動態模式 A、B、C」三種不同轉型，塑形重點並不相同。例如：「動態模式 C」山高水深的市場類型，轉型攻上山頭之後必須守好山頭，不要亂跑亂跳。要能攻山頭也必須做好塑形，強化陣地，鞏固戰線。但若遇到「動態模式 A」山低水淺的市場類型，山頭攻上去之後不要待太久，愈快跳到另一座山頭愈好。這時塑形的重點不在於如何適應山丘之所需，而是如何塑造有利於長期、快速跳躍的企業特質。

五、隨時變動的地形地貌

沒有一家企業可以不靠自我再造而長期存活

　　這一章主要在闡敘面對動態競爭的窮山惡水，該如何靈活地跳躍、應變。因為地形零碎、複雜，所以不能一昧快跑，要根據未來可能出現的地形地貌，謹慎小心地選擇不同跳躍模式。遇到「動態模式A」就不斷地跳，跑給人家追。遇到「動態模式B」，大方向不要亂掉，死命往前衝，但也要在小差異下功夫。「動態模式C」會有新機會出現，你先判斷原有市場緊不緊急，新市場是否有新發優勢，然後再選擇跳躍方法。在動態競爭市場裡不能靠著你的偏好行動，而是要審勢度時，依據外在環境調整。該快就快，該慢就慢，這樣開車才不會撞牆翻車。

以簡化二變數應對複雜地形變化

　　當然窮山惡水的市場不是只有七種地形地貌。近幾年來陸續有學者專家提出「破壞性創新」、「顛覆性創新」、「大爆式創新」……等足以影響地形結構，讓市場產生更劇列變化的理論。然而，要完全羅列出所有地形，並逐一學習各自的因應方案，在戰場上一一套用，方式並不見得有效。

　　我建議大家，打仗的手法愈簡化愈能靈活應變愈好，們可以簡單只使用「山高不高」、「水深不深」二項單純變數，並以此變數去分類自己身處的地形，簡化為「動態A、B、C」的某一種模式，進而選

擇適合的應對方案。所以企業在「勤摸索」階段,除了洞悉消費者需求有沒有改變之外,還必須探索前方「山高不高」與「水深不深」。據此判斷前方可能的地形類別,然後選擇適合的跳躍模式。

注意地形模式的動態變化

另外必須注意,你所屬的產業模式並非永久不變,而是會在「動態 A、B、C」三種模式間變動。有可能市場一開始只有少數幾家同業,大家各自發展自己的路線,本質屬於高連續性、高差距性,山高水深的「動態模式 C」。但是當陸陸續續有新進入者,帶動上游供應商開始將原料、設備標準化,使得市場同業之間差異變小,那麼這個市場也有可能會從山高的「動態模式 C」,變為山低的「動態模式 A」。

或是新技術發展消除了「山高水深動態模式 C」的地形屏障,而形成另一種無差異的產業形態。例如,中國家電連鎖產業原來是以連鎖店面數量多寡為競爭優勢,屬於「動態模式 B」,山高水淺型。但是當電子商務快速發展,線上商店的增長速度遠遠超過實體店,競爭者突然從實體零售同業變成了線上的天貓和京東商城。線上商店的競爭差異並不大,比較傾向山低水淺的「動態模式 B」。市場戰將不能不居安思危,隨時洞察產業模式的消長與變化,並及時規劃應變轉型方案。

互動練習：慎跳躍

　　隨著 5G 與 AI 技術大突破，預計各產業將在 2020 年出現新舊企業大洗牌。這些企業可分為「依循技術的平台業者」與「組成平台的內容業者」。例如淘寶是平台，賣家是內容；美團是平台，店家是內容。事實上，從 3G、4G 到 5G，每次的技術突破都造成平台與內容業者生死交替之慘烈狀況。電商平台與賣家該如何找到未來生存致勝的法則呢？

掃描看
詳解影片

第 6 章

敵我優勢，固定或變動

接下來兩章要討論，面對動態複雜市場作戰，當宏觀路線選擇完畢，確定大方向後，接下來如何進行微觀決策。微觀決策主要想解決企業在發展路上如何與同業互動，戰還是和？攻還是守？並要討論作戰武器選用、規劃與運用的課題。

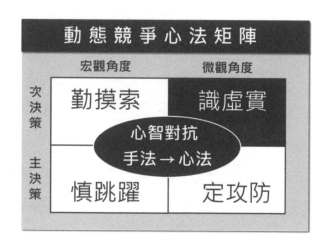

宏觀角度在決定未來發展的行進方向只有兩種可能：好路線與爛路線。假如選到好路線，早晚會有人追上來，那麼你該和他保持什麼關係，合作還是競爭？競爭免不了要打一架。若是合作，還是要準備打架，因為只有具備打的能耐，才有合作的籌碼與本錢。假如選到爛路線，市場萎縮，路愈來愈難走，而你又改不了路線，那怎麼辦？沒辦法，還是必須打。池塘愈來愈小，那就憑本事看誰能撐到最後，誰就有活下來的本錢。所以動態競爭的微觀角度免不了要面對兩項決策議題，主決策：「定攻防」，該怎麼打？以及次決策：「辨虛實」，拿什麼來打？

天下雖安，忘戰必危

　　古兵書《司馬法・仁本篇》說：「國家雖大，好戰必亡。天下雖安，忘戰必危。」市場經營也是相同道理，不論策略方向選得好不好，企業打硬戰、打實戰的能力絕對不能廢。小米創始人雷軍有個「飛豬理論」，「站在風口上，豬都會飛。」這句話立即成為創投圈流行語。各行各業都在積極尋找風口，大家都希望成為下一隻「飛豬」。

　　但不要忘了，一陣風吹起來往往不是只有你這隻豬，而是同時有一群豬在風口、在空中翻滾飛舞。核心區域的風力強，你可以成為飛豬，若偏離到邊緣風力弱，你很快就失去支撐力，摔下來成為死豬。所以關鍵還不在於你能否找到風口，更重要是你在風中飛舞時，能否把其他豬踢到邊緣，確保你擠進核心，才能真正保障你的存活。這個踢的動作正是微觀角度要探討的議題：「轉虛實」與「定攻防」。

　　易經提到：「君子以除戎器，戒不虞。」君子要去掉武器，但是不能忘記防備。這種防備能力就是保持打硬戰、打實戰的能力。企業經營不能只靠賺機會財、趨勢財就沾沾自喜，覺得自己是企業家格局。景氣好的時候賺錢容易，做決策大手大腳，景氣一旦變差，立刻倒掉一堆，撈得了一時，但撐不了多久。問題根源都是缺乏打硬戰、打實戰的能力。

　　所以這一章不只要和各位分享打硬仗的能力，還要探討打爛仗的底氣。打硬戰，要有足以和對手相抗衡的能力。但這是理想狀況，假若不幸你是臨時挨打，來不及準備，要錢沒錢，要糧沒糧，毫無優勢，那你還打不打呢？當然還是要打！那怎麼打？就跟對手打爛仗

啊！對手要這麼打，你偏偏跟他反著打，胡搞亂搞，搞到對手昏了頭，這就是打爛仗。我們學戰略，不要只學我強敵弱，真實世界往往是我弱敵強。你就認命吧！請面對現實，學會本章所講「算強弱→識虛實→轉虛實」的概念，讓自己創造逆轉勝。

一、靜態環境的作戰模式與問題

首先要比較「靜態環境」與「動態環境」下，對於「競爭武器」與「競爭優勢」的認定與規劃有何差異。第一、二階段策略規劃與競爭策略時代，企業研擬作戰計畫的方法一般依循三個步驟。步驟1：內、外部分析，環境分析與競爭分析。步驟2：結合內外部分析結果進行 SWOT 分析。步驟3：根據 SWOT 導出作戰方向、作戰計畫。但這種方式在進入動態競爭時代，往往會出現一些問題。

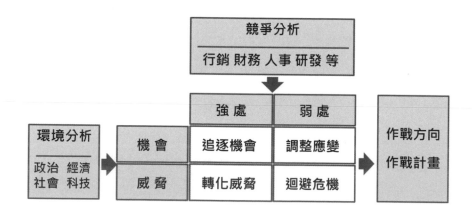

問題 1：機會與威脅不容易判定

　　SWOT 分析背後的第一個前提是環境可預測，所以我們能做 PEST 環境分析，能盤點政治、經濟、社會、文化……等變化趨勢。但在動態競爭時代要進行外部分析，找出未來的機會與威脅並不容易。

問題 2：環境變化逆轉了優劣勢

　　在第一、二階段，市場生命週期較平滑，能清楚區分出引入期、成長期、成熟期，所以競爭優勢容易延續，而形成大者恆大的現象。前期強勢的企業，進入後期繼續維持強勢的機率很高。

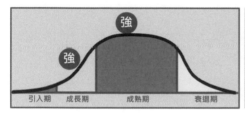 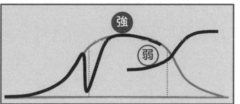

　　但在動態競爭時代，市場生命週期呈現窮山惡水，不連續情況。原先曲線上的強勢企業轉移到另一市場曲線時，往往得重新建構競爭資源，不見得仍能維持強勢地位，甚或可能從強變成弱。換言之，環境變動將使得 SWOT 分析研判的優劣勢變得不穩定，導致推導出來的作戰計畫失去了意義。

優勢反而害了你

除了機會與威脅、強勢與弱勢不容易判定之外，更嚴重的情況是你原本沾沾自喜的優勢，在競爭過程中卻成為害死你的毒藥。例如：在 2006 年，噴墨印表機的銷售模式大多是印表機便宜賣，墨水匣屬於消耗品，所以賣得比較貴。在管理學裡，我們稱此現象為「刀片與刮鬍刀」模式，你買了我的刀片，不得不使用我較貴的刮鬍刀。由於 EPSON 墨水匣的噴嘴特別堅固耐用，連帶使其印表機與墨水匣廣受喜愛，銷售量一直比競爭者 HP 來得好。EPSON 年年成長，甚至 2006 年的營業利益還創下新高，一年賺進八百多億日圓利潤。

然而在 2008 年金融海嘯過後，EPSON 卻發現沿用二十多年的商業模式行不通了。印表機還是賣得不錯，但是賴以獲利的墨水匣耗材的銷量卻愈來愈差。但很奇怪，競爭者 HP 的印表機與墨水匣耗材銷售都還不錯。如果是景氣因素造成的墨水匣銷量減少，EPSON 與 HP 應該都會受影響，但為什麼只有 EPSON 受重傷呢？

為了探究原因，EPSON 成立了一個專案小組到中國調查。結果一走進廣州市區的電腦城，看到電腦店門口堆滿了 EPSON 印表機，詢問之下才知道，因為金融海嘯來臨，所得減少，消費者自然會去尋求更省錢的消費模式。堆在門口的 EPSON 印表機全部都是要將原本的墨水匣改為「連續供墨」。店家說：「HP 與 CANON 的墨水匣噴頭不耐用，不適合改為連續供墨，而 EPSON 墨水匣噴頭很耐用，最適合用來改裝。」

這說明了為什麼 HP 原廠墨水匣耗材回購率高達八成，EPSON

卻僅有六成。等於說有四成的消費者買了 EPSON 印表機去改為「連續供墨」，不再重複購買耗材。在這波改機風潮中，EPSON 受傷最重。原本「墨水匣噴頭耐用」是他賴以競爭的優勢，但在金融海嘯的環境變化下，強處反而成為拖累的包袱。我們必須從這個例子學會，在動態環境下，你的優劣勢不見得會永遠持續存在，而是會有逆轉或消長現象。

二、動態競爭市場的作戰決策新思維

許多學過 SWOT 分析的企業主管常常抱怨學會了也沒用，不好用。但是為何不好用，你要是深入問他，他也答不太出來。造成這現象的原因，我覺得是過去靜態環境適合採用下，用得好好的 SWOT 分析，到了動態競爭時代，我們沒有調整工具使用模式，導致做了老半天，愈做愈混淆。

學會「算強弱」，進化「識虛實」，提升「轉虛實」

動態競爭環境有兩項特質：「環境不確定」與「競爭對抗」。因為未來環境撲朔迷離，所以不容易對「機會 O」與「威脅 T」做長期精準的預測。再加上環境變化劇烈，你對競爭者所做的「強處 S」與「弱處 W」比較，可能只適合現在，而非未來。未來競爭過程中，敵我強弱處不是固定，而是會消長、改變，甚至會逆轉。所以做 SWOT 分析不能只會「算強弱」，只看眼前競爭者的強弱分析，更應該觀察

敵我競爭過程中「強處 S」與「弱處 W」的變化。把 SWOT 分析範圍拉長拉遠，重新審視競爭過程、敵我強弱勢消長脈動，就是「識虛實」。

當然最好能夠在競爭過程找到對手的「虛與實」，但這畢竟是理想情況，倘若對手防禦得當，過程中沒有出現「虛」，那我該怎麼辦？沒關係，因為我是戰將，戰將的特質就是要想辦法解決問題。既然對手不會犯錯，我主動設局讓他出錯，讓他在我引導的時間與地點出現「虛」，這個動作就稱為「轉虛實」。亦即在對抗過程中透過佯攻、欺敵等手法，主動提高對方出錯機率，創造逆轉勝的契機。畢竟在競爭對抗過程中，強弱處已成既定事實，或許我無法快速提高優勢，但只要對方犯的錯比較多，也意味著我的優勢有所提升。

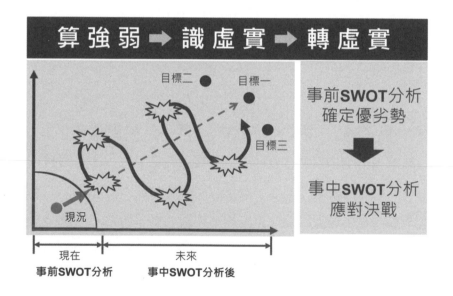

靜態環境下做了 SWOT 分析後，你的強弱處大致就底定了。但在動態環境下，SWOT 分析的強弱處只是一個參考，更重要的是你要在競爭過程中能從「識虛實」進化到「轉虛實」。這個動作做得靈活，縱使現況屈居劣勢，也會有很大的機會創造競爭致勝。

識虛實：辨識敵方在戰鬥中出現的漏洞

我們把作戰分為兩階段：「戰鬥前」與「戰鬥中」。我們平常研擬計畫、進行 SWOT 分析所盤點出來的優劣勢，都屬於「戰鬥前」的分析。但動態市場競爭是一個持續、長期的敵我心智與意志的對抗，光做「戰鬥前」的 SWOT 分析並不夠，還應多著力於戰鬥中敵我強弱勢消長變化，並從中發覺對手漏洞，創造攻防契機。這個強弱勢變化的脈動在兵法書裡不稱為「強弱」而稱為「虛實」。SWOT 分析講強弱，強調「揚強抑弱」，但《孫子兵法》講「避實擊虛」。因為在孫子的思維裡，「強弱」並不等於「實虛」。

強與弱，是靜態；虛與實，是動態

「強與弱」是靜態思維，就如《孫子兵法·始計篇》所說：「兵者，國之大事也。死生之地，存亡之道，不可不察也。故經之以五事，校之以計而索其情：一曰道，二曰天，三曰地，四曰將，五曰法。」意思是說，作戰前必須廟算，所謂廟算就是在廟堂上仔細分析計算。廟算必須進行五事七計，分析敵我之道、天、地、將、法，相對強弱，這是比資源多寡，比能力高低的概念。

「虛與實」是動態思維模式，是在戰鬥中發覺對手冒出的關鍵要害，讓我有了創造局勢逆轉的契機，這就是「虛」之所在。打個比方，你在上擂台正式比賽之前，你對競爭者做了強弱處分析。對方身體比你壯、經驗值比你豐富、出拳速度比你快，相比之下，你幾乎沒有什麼強處。但沒有關係，在正式比賽過程中，你突然發現對手一轉身，屁股一不小心露出來，這就是對手「虛」之所在。

	強與弱	虛與實
性質	靜態思維	動態思維
類型	作戰前比較	作戰中產生
特色	常以資源多寡 能力強弱呈現	常以空間、時間 心理面呈現

所以，這個「虛」的出現與否，不完全與敵我雙方的資源多寡、實力強弱有關，而是交戰過程中，因部隊運動、士氣起伏，這些空間、時間、心理因素，而出現可供你創造逆轉勝的「逆轉契機」。例如，在對方部隊移動過程中不慎出現三不管地帶；對方作戰中出現混亂時刻；兩方僵持不下時，對手出現士氣低落時刻。這些形形色色的「虛實空間」，都可在競爭對抗中善加運用，進而創造競爭致勝的關鍵。身為戰將，不只要能在戰前計算敵我「強弱勢」，更要能盯緊過

動態競爭 事中發現對方弱點						
	脆弱點	灰色點	失誤點	極限點	節奏點	混亂點
事前出現	●	●				
事中出現		●	●	●	●	●

程中瞬間閃現的「虛實勢」。以下所列就是在戰鬥過程中可能出現的「虛實點」。

- 脆弱點：敵方資源或力量目前較為薄弱之處。
- 灰色點：戰場部隊分布或移動時所產生之重疊區域或空白之處。
- 失誤點：敵誤判敵情、錯估局勢所產生之錯誤。
- 極限點：把對手逼到作戰頂點，使其作戰力量拉到最極限而崩潰。
- 節奏點：掌握對手力量的規律性強弱變化。
- 混亂點：衝破敵軍戰線或攻占陣地而立足未穩產生的弱點。

　　其中，「脆弱點」是在作戰之前，可被分析而得知敵我強弱處。「灰色點」、「失誤點」、「極限點」、「節奏點」和「混亂點」則是作戰期間可能出現的「逆轉契機」。試問，還沒有打，你怎麼會知道他何時會出現決策失誤呢？還沒有打，你又怎能清楚研判他何時會自亂陣腳呢？還沒有打，你又怎能知道對方部隊在移動過程中，何時何處會

出現空白處？更不用說在兩方僵持不下的時候，對手何時才會士氣低落，出現極限點？所以，「識虛實」就是在交戰過程中精準研判、辨識出這些「虛實契機」，並善加運用，進而創造競爭致勝的關鍵。

轉虛實：戰鬥中主動創造對手的漏洞

《孫子兵法・軍形篇》也提到，「勝兵先勝而後求戰，敗兵先戰而後求勝。」勝兵就是戰前分析，先確定有一定勝算再去發動戰事；而那些打敗仗的兵往往是先打再說，但實力又不如人，結果邊打邊掙扎求勝，甚為不智。按照孫子兵法邏輯，我們應該學勝兵的思維，好好做 SWOT 分析，找出自己優勢與敵方弱點後才行動。

但問題來了，假設你對競爭者的財務面、市場面、研發面……等進行強弱勢分析，逐項評估下來發現你沒有一項有優勢，幾乎都是劣勢。完了！請問這場仗還能打嗎？不要以為這是特例，目前很多小型企業天天在上演「以弱敵強」的不對稱作戰。你教他做策略要做 SWOT 分析，要揚長抑短，這當然都很好啊。但問題是，他就是找不出長處，那該怎麼辦？

很簡單，敵人沒有破綻，那我就主動去創造啊！

例如：我知道若敵人陣型混亂，我很容易就可趁虛而入。但假如他的陣型一直不亂，我也不能一直等下去，我就想辦法搞到他陣型大亂，這個動作就叫做「轉虛實」。比如說，我們可以在作戰中透過示形讓敵人誤判；透過動敵，以利害引誘對方行動，讓對方繞路、空轉，進而消耗對方資源與精力，最終讓他無從發揮優勢，甚至反轉為

劣勢。

市場作戰當然要努力建立核心競爭力，這是基本功。但就是因為環境變化太快，你不可能為了配合環境變化，面對不同類型的市場結構，不同類型的競爭者威脅，而不斷強化各種不同類型的核心競爭資源。縱使你真有辦法，處處設防，處處提升競爭能力，搞到最後資過於分散，很容易拖垮自己。

所以學習動態競爭最應該學的不只是做好自己，還應該學會如何以最小的資源借力使力，轉變他人。講難聽一點，「轉虛實」的概念就是「若我無法變強，就想辦法讓對手變爛」。在此我建議先不要用高道德標準來看這件事，覺得不求自我長進，反倒尋思把別人搞爛是不好的事，而是必須正視動態競爭時代，我們是在戰場中求生存，而不是在運動場比賽跑。我手中真的沒有資源，或是突然挨打，根本沒時間與能力提升競爭力。此時要能化劣勢為優勢，你就不得不思考「轉虛實」。身為戰將，不是手中有資源、有籌碼才能打，而是要在資源有限、條件不如人的情況下還能逆轉勝，這才稱得上是真正的戰將。

三、識虛實——辨識事中可切入的「虛實空間」

實戰上有許多逆轉勝的虛實點，這些都是戰將必須了然在心的決

策技能。我們要學會動態競爭，就必須先改變看市場的角度。以前是在找資源，拚能力，現在也應著重在對抗過程中靈活捕捉戰機，尋找能見縫插針、出奇制勝的虛實切入點。

灰色點：戰場部隊分布或移動時產生的重疊區域

兩方交戰，陣線攤開，你能否一眼就看出對方的弱點？不用找了，弱點往往最容易出現在在各部隊分布交界的重疊區域，這個三不管地區就是「灰色點」。

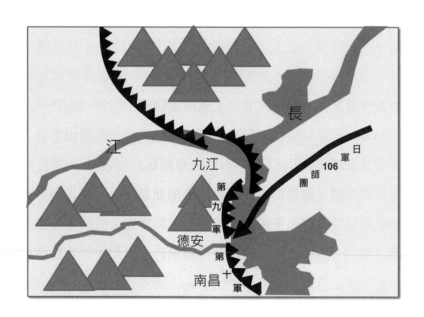

1938 年，中國軍隊集結 110 萬大軍於武漢，抵擋 35 萬日軍之攻擊。中國軍隊以長江為界，將戰區分為江北與江南。但這樣的布局卻被日軍看出破綻，就在第九軍與第十軍交界處。兩部隊交界之處往往會因為權責不分，而形成三不管的灰色地帶。後來日軍就是看中這個缺口，並從這個位置切入。

　　市場經營也是相同情況！企業可以運用各種區隔變數，比如產品價位、客戶所得……等，觀察競爭者的市場定位，辨識其布局上的灰色地帶。如下圖，競爭者為了鞏固市場，將產品系列以高、中、低端全面布局。看似防禦堅固，但灰色點就在高、中、低重疊的價位區域。如下圖白色位置就是競爭者的「虛處」。

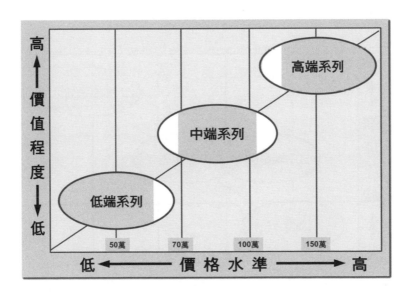

當然有些灰色點在戰鬥前就能發現，但有些往往是在戰鬥中，隨著部隊移動而產生。當競爭者重新定位，戰場也會出現灰色地點。如下左圖，原本高、中、低三個系列分兵作戰各搶不同的消費群，但中端系列若採取降價措施，原本高端與中端市場將出現灰色區域（如星號位置）。同樣的，若高端系列漲價，也會出現市場缺口。

　　例如：2018 年蘋果推出 iPhone XR 系列，價格並不便宜，最貴的機種售價高達 1449 美元，比某些 Mac 電腦還貴。但是蘋果執行長庫克並不這麼認為，他說：「這是我們生產的最先進 iPhone，它取代了消費者可能需要的所有裝置。」蘋果 iPhone 新定位是想要往更高端位置移動。結果因為蘋果重新定位移動，而產生出市場的新缺口，讓許多中國品牌手機發現機會點，從此區域切入。

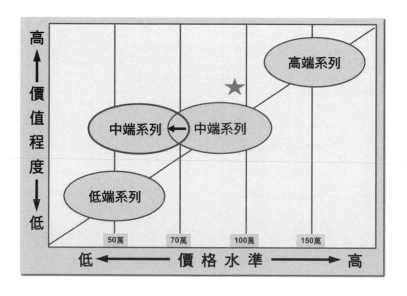

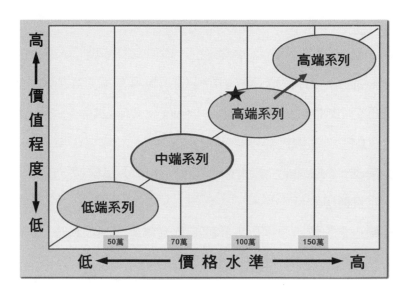

有人說，狼面對強大的對手不會衝動地撲上去，牠會張大眼睛盯著。等到對手有了缺口或漏洞，才會毫不猶豫地撲上去撕咬。同樣的，企業戰將也要有嗜血的狼性。縱使實力不如對手，也要有耐心，不能輕啟戰端，而要隨時盯緊競爭者的一舉一動，只要觀察出對手調整定位，通常就會出現缺口，這就是「灰色點」。

失誤點：敵誤判敵情、錯估局勢所產生之錯誤

西方軍事理論家李德‧哈特（Liddell Hart）曾經說過：「戰爭過程中，正是敵人的嚴重錯誤，最能夠產生決定性的影響。」同樣的，動態競爭中敵我持續對抗，攻防過程中必須不斷分析、研判。若你在過程中決策有失誤，縱使一開始資源比對方多，還是會逐步被消耗，逐步由優勢轉為劣勢。

過度自信造成失誤

　　IBM 是 1960 年代的計算機霸主，縱使有許多競爭者發動挑戰，IBM 仍然能年年占據計算機 60-70% 的市場占有率。許多競爭者絞盡腦汁想瓜分 IBM 市場都無法成功，但有一家新公司——美國數字設備公司（DEC）採取側翼攻擊方式，成功切入計算機市場。IBM 生產大型計算機，DEC 則生產小型計算機。IBM 供給軟體，DEC 不供應軟體，而且價格較低。

　　按照正常的防禦原則，大品牌側翼受到小品牌攻擊時，應該推出產品防禦側翼。但 IBM 沒有這麼做，他認為買大型計算機的企業投入巨資，一定會要求有完整的軟體解決方案。但事實並不然，因為小型計算機主要是賣給具有高度差異性需求的中小型企業，他不需要全面性的標準化解決方案，反而比較期待買了硬體之後，可以自行依據所需，搭配適合的軟體。

　　由於 IBM 過度自信，以經營大型計算機的思維，類比推論小型計算機的消費者購買行為。這項決策疏忽讓 DEC 能夠在快速立足，短短時間內在小型計算機的市場占有率達到 40%，而 IBM 僅只有 10%。

　　到了 1970 年代末，計算機市場又發生變化，出現了比小型計算機更小的微型計算機。對於這個新浮現的市場，DEC 非常有自信，因為他是世界上最大的小型計算機生產商，以 DEC 的競爭力，應該

沒有人敢切入微型計算機市場。所以他反將資源放在捍衛現有小型計算機市場。例如：DEC 繼續提升小型計算機性能，以阻擋 IBM 由大型市場攻進小型市場。又例如：DEC 花費大量精力開發小型計算機適用的辦公自動化軟體系統。就是因為 DEC 的自信誤判了情勢，將作戰目標設定鞏固現有市場，誤判最主要的競爭對手是 IBM，結果讓蘋果電腦的 APPLE 系列在微型市場得到立足機會。

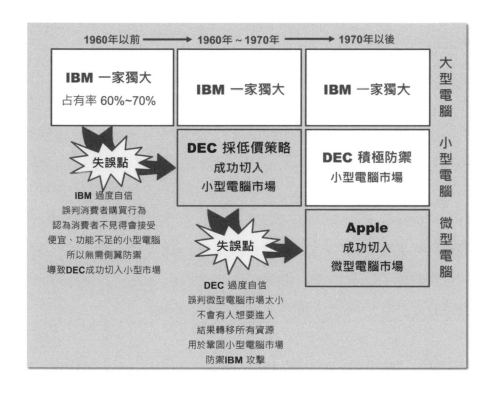

對市場誤判造成失誤

動態情境下，競爭者在戰術攻防的失誤點常源自於誤判市場趨勢分析與消費者行為。例如，當日本汽車打入美國市場時，美國三大汽車品牌不屑一顧。他們研判美國消費者在乎大型、豪華汽車，日本省油小汽車不會受歡迎。所以美國三大汽車品牌根本不把日本小汽車當作競爭者，因此讓日本小汽車得以鴨子滑水，逐步推進。不料沒多久發生石油危機，油價暴漲，消費者對省油愈趨重視，讓日本汽車有機會成功打入美國市場。

就像馬雲所說，對於新興事物，很多人會輸，都是輸在第一看不見、第二看不起、第三看不懂、第四來不及，這些都是造成失誤點的關鍵。身為戰將，你必須不斷揣摩對手的思維脈絡，從他看市場、想事情的邏輯去倒推他的決策盲點。特別是處於相對弱勢的企業，資源、實力原本就不如人，要生存除了取決於自己的努力改善體質之外，更重要的是強大對手是否給了你喘息、突圍的機會。而對手為什麼會給你這個機會呢？絕大多數原因是對手分析研判錯誤，他認為你的行動對他不會構成威脅，自然不會把你當作一回事。這都是你對他發動致命一擊，創造以弱敵強，逆轉勝的大好機會。

極限點：把對手逼到作戰頂點，使其作戰力量拉到極限而崩潰

兩軍交戰，若在事前分析知道實力相當，那該如何取勝呢？

有一個戰爭公式：戰勝＝力量 X 謀略！

力量指的是物質層面，比資源多寡與能力高低；謀略指的是運用

資源模式，屬於心理層面。作戰過程中，若不容易找到對方物質面的弱點，可以轉而創造對方心理層面的弱點。極限點的意義就是在對抗中，將對手的抗壓能力逼到極限，讓對手心理崩潰，或喪失理性、衝動魯莽，或意志消沉、懦弱怯戰。總之就是要找出在心智面上，壓垮駱駝的那一根稻草。

　　一次世界大戰期間，德軍與英軍在歐洲戰場長期對峙，雙方都筋疲力竭。英軍士兵跟長官說，撐不下去了，我們撤退吧。英軍指揮官說，要退也可以，把所有炮彈全部射完再退。隨後一陣彈雨宣洩到德軍陣地，德軍士兵緊張地跟指揮官說，我們已經很累了，英軍又發動攻擊，趕快撤退吧。德軍指揮官說，我們累，對手也會累，這波炮襲可能是英軍要發動新攻勢，也有可能是要撤退了，大家再撐一下。結果炮襲之後，英軍陣地毫無動靜，德軍指揮官確認英軍在撤退中，立刻鼓起士氣往前猛追，最後取得勝利。這就是在比雙方對抗，誰先被逼到極限點而崩潰。

　　十年來，隨著互聯網技術突破，中國各產業都在猛烈成長。只要有好構想，只要敢先跑先衝，創投資金立即跟著來，讓你不缺錢，不缺彈藥。就像網約車市場，2016 年滴滴與優步在中國展開「燒錢大戰」。只要滴滴有新一輪融資，優步也會加碼備戰，誰都不讓誰。據當時估計，滴滴與優步已累計融資超過 200 億美元。若雙方繼續打下去，預估雙方融資會高達 300 億美元。這個金額相當於美軍在第一次波斯灣戰爭軍費的三分之一。

　　滴滴與優步的燒錢大戰是在拚資金多寡嗎？是的，但決勝關鍵

不僅是資金，還包括心理極限的影響。所以《孫子兵法·軍爭篇》會說：「三軍可奪氣，將軍可以奪心。」打擊敵方部隊無畏的士氣，讓他氣勢低落。打擊敵方將領堅毅的戰鬥意志，使其軟弱、膽怯。這些都是心理層面的較量，都是可運用的「極限點」。身為戰將，你必須敏銳地感受肉搏過程中，對手在高壓角力下何時會被逼到極限點而崩潰。

節奏點：掌握對手力量強弱的規律性變化

戰鬥中，敵我雙方所施力量往往不均勻，就像擂台選手，不可能一路攻擊、攻擊、再攻擊，而不需要中途休息與喘息。軍事作戰理論裡有個名詞叫做「作戰頂點」，亦即作戰力量達到極限的那一個時間點。超過這個點，力量往往會快速遞減，不得不收縮攻勢，這就我們常說的「強弩之末」。

在動態競爭敵我持續出招中，若能料到對手「強弩之末」出現的時間點，甚至料到出現的時間節奏。然後利用對方前波力量耗盡，準備減緩力道或回縮的空檔發動攻擊，將能奏事半功倍之效。縱使對手實力比你強，你也能做到「避實擊虛」，這就是「節奏點」的意義。

我們往往可從企業年度計畫中，觀察出對手作戰的節奏感。例如圖 A，甲公司對於業績 KPI 要求嚴格，企業主管擔心達不到年度業績，上半年一開始就很拚（T0 點）。若上半年業績不錯，下半年再拚一下，達成年度目標應不成問題，那麼下半年的戰鬥力自然會緩和下來（T1 點）。因為若不緩一緩，下半年又創造出更高的績效，明年業

續指標往往會被抬得非常高，將會累死自己。所以，若你的競爭實力不如甲公司，不見得必須與他在拚命衝刺時硬碰硬（T0 至 T1），反而可在其緩和下來時，在 T2 至 T3 時間點再進行攻擊，這就是「避實擊虛」的概念。

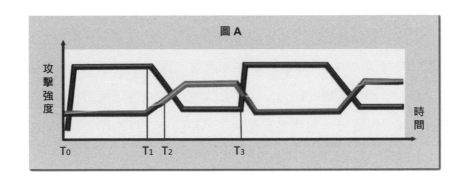

上半年就很拚的企業通常比較具有危機意識。有些企業上半年較會打混摸魚，下半年才臨時抱佛腳，拚命追業績目標。不同企業風格文化不同，在不同時間點所施力道的輕重自然也不同。企業戰將應該要敏銳地打探對手作戰風格，找出作戰節奏點，做為攻防規劃的重要依據。

混亂點：衝破敵方戰線或敵方攻下陣地卻未穩時產生的弱點

《孫子兵法‧軍爭篇》說：「勿邀正正之旗，無擊堂堂之陣。」不要攔擊旗幟整齊、部署周密的敵人，不要攻擊陣容堂皇、實力強大的敵人。對陣型嚴謹完整發動攻堅戰，殺敵一萬自損三千，並不是聰明的將軍應該做的決策。在敵方部隊處於混亂情況下才發動攻擊，是投

資報酬率最高，最能以少勝多、創造逆轉勝的作戰策略。

西元 383 年，前秦符堅發騎兵 27 萬，步卒 60 萬，號稱百萬大軍，由長安出發，企圖一舉滅掉東晉，史稱「淝水之戰」。東晉王朝人心惶惶談戰色變，因為當時晉國能夠調集的軍隊不超過八萬人，兵力薄弱，面對前秦百萬大軍根本沒有獲勝的可能。

當時兩軍隔著淝水對峙，前秦在西岸，東晉在東岸。東晉謝玄派使者對前秦說：「我們二軍緊逼淝水部署，你打不到我，我也打不到你，這不是長久相持的好方法，不如這樣，你將部隊稍微往後撤，讓晉朝軍隊得以渡河，我們光明正大，一決勝負，這不也是很好的事情嗎！」前秦符堅心想：「太好了！我就先假裝答應東晉，讓軍隊稍微後撤一些，等他們渡河渡到一半時，我出動鐵甲騎兵衝殺，一定能夠取勝。」

結果在約定渡河時間，符堅揮舞戰旗指揮兵眾後退。哪裡知道大軍稍一撤退便收不住，持續往後退。謝玄的東晉已渡河部隊趁著前秦陣型混亂，立即衝殺過去。前秦岸邊指揮官符融想攔阻退兵，沒料到馬腿突然軟掉，符融摔倒，死在亂兵之中。岸邊部隊陷入群龍無首，局面更加混亂。再加上前秦部隊人數眾多，前後方兵陣距離甚遠，後方部隊遙望岸邊部隊後撤，卻不知後撤原因，以為是部隊潰敗，紛紛逃亡。中間部隊也看到岸邊部隊陣型大亂，後方部隊已經逃亡，不知如何是好的時候。埋伏在前秦部隊裡的東晉降將朱序趁機大喊：「秦軍敗矣！秦軍敗矣！」結果中間部隊也紛紛潰逃。東晉部隊從後追殺了三十多里，前秦逃亡兵卒自相踐踏而死的人遮蔽山野，堵塞山川，

聞風聲鶴唳，皆以為晉兵將至，畫夜不敢休息，凍死、餓死不計其數。這就是藉由讓敵軍陷入混亂而改變戰局，創造逆轉勝的例子。

動態競爭時代的戰爭往往不是一場定勝負，而是敵我雙方持續相互攻防的過程，你不能把所有的本錢全部投入，和對手硬碰硬豪賭。聰明的戰將會去觀察敵方陣營，何時、何處可能產生混亂，並在對方處於「混亂點」時才發動攻擊，才能以最少的成本取得最大的勝利。然而競爭對手何時才會出現混亂點呢？例如：新舊主管交接，公司發生不預期重大意外；例如廠房失火或總經理生病，產品推出銷售成績不如預期，還找不出問題所在……等，都可能會造成對手在市場上的混亂點。

四、轉虛實──主動創造有利的競爭優勢

前段講的是「識虛實」，把靜態的敵我「強弱勢」改為動態的敵我「虛實點」。「強弱勢」是事前比較資源多寡與能力高低；「虛實點」是在競爭對抗過程中，因運動、心智……等而出現逆轉勝的機會點。接下來要講「轉虛實」，若對手沒有「虛」，我也要想辦法搞出一個。

《孫子兵法‧軍形篇》說：「昔之善戰者，先為不可勝，以待敵之可勝。不可勝在己，可勝在敵。故善戰者，能為不可勝，不能使敵之可勝。故曰：勝可知而不可為。」善於作戰的人先做到不被敵人戰勝，然後再等待機會戰勝敵人。不被敵戰勝的主動權在自己手中，但是能否戰勝敵人的關鍵，在於敵人是否有隙可乘。但問題來了，若敵

人不露出破綻，沒有可供你運用的「逆轉契機」，那該怎麼辦？只能等嗎？不行，身為戰將，你不能只是靜靜等待敵人出現破綻，你必須要主動去創造「虛實空間」。這個動作就是從「識虛實」進化到「轉虛實」。

兵以詐立、兵者詭道，就是在「轉虛實」

孫子兵法第一章始計篇已經將「轉虛實」的觀念講得很清楚。始計篇分為兩段，前半段講「兵者，國之大事，死生之地，存亡之道，不可不察也」。怎麼察呢？孫子又講了，「要經之以五事，校之以計而索其情：一曰道，二曰天，三曰地，四曰將，五曰法。」前半段提出用「道、天、地、教、法」分析敵我強弱勢，這類似西方管理學的「SWOT分析」。

若按照現代策略規劃的設計學派觀點，做完SWOT分析後，應該就可以發展作戰計畫了。但孫子不這麼做，你看始計篇下半段不在講發展計畫，反而在講「詭道十二法」。「兵者詭道也，故能而示之不能，用而示之不用，近而示之遠，遠而示之近。利而誘之，亂而取之，實而備之，強而避之，怒而撓之，卑而驕之，佚而勞之，親而離之。」這十二項詭道就是從「識虛實」進化到「轉虛實」，透過主動創造精神，讓你在作戰過程中劣勢變優勢的模式。

轉虛實的三種方向

怎麼讓對手出錯呢？至少有8種方法，這裡我先舉「拚出來」、

「找出來」、「裝出來」三種，幫助大家思考如何「轉虛實」。

　　「拚出來」就是透過自身努力提升自己的競爭力。但這是理想狀況，假若時間來不及，沒有時間可以提升競爭優勢怎麼辦？那就用第二招「找出來」，把對手搞到糊里糊塗，讓他犯錯、出狀況。只要他因失誤而優勢受損，相對就能提升自己的優勢。但若對手很厲害，實在無法讓對手出錯，那怎麼辦？那就用第三招「裝出來」。就像三國時代諸葛亮裝神弄鬼，裝出一個空城計。讓對手誤判，讓對手對你產生錯覺，分不清你的優劣勢。

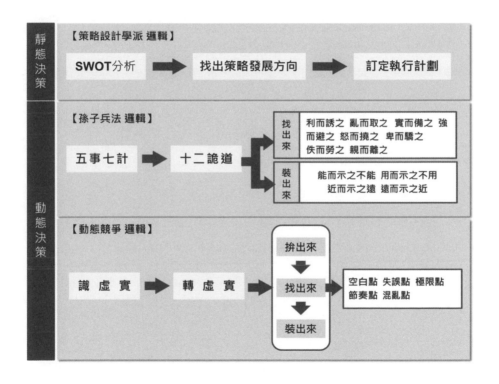

競爭優勢來源 1：拚出來 ── 基本功，優勢來自於強化核心競爭力

在高度同質化的競爭時代，如何提升自己的競爭優勢？有些人會覺得，既然已經同質化了，只能拚價格、拚廣宣，不太可能差異化了。但不要放棄，競爭優勢是在大家都認為不可能再提升改進時，你仍然能夠拚得出來，你就贏。

有一家裝潢公司發現客戶對於裝修新屋的痛點，就是不確定性太高，包括工期不確定，預算不斷追加，品質無法保障。於是他們調整商業模式，通過標準化設計，控管不確定性因素。例如：

- 管理標準化：每天晚上工人傳施工照片給客戶，讓客戶知道進度。
- 材料標準化：裝修所用的設備材料，品牌、型號……等全部資訊透明告知客戶。
- 工序標準化：拆解全部的施工過程，妥善規劃步驟，避免等待材料、工人所耗時間。

因為有這樣的努力，所以他們敢打出「保證 60 天完工，超過一天賠 10000 元」的口號。雖然這種新模式很受消費者歡迎，但競爭同業也紛紛模仿，沒多久又進入了惡性競爭。為了進一步提升競爭力，他們去找一位專家諮詢，專家反問了一個問題：「裝修最短需要多長時間？」他們目前是保證 60 天完工，但若能花一年的時間改善流程，應該能將裝修工期從 60 天縮短到 30 天。

專家搖搖頭說：「還能再短嗎？」他們想想咬緊牙關，就再擠一

下。後來他們以 20 天為目標，倒推施工管理、工序規劃⋯⋯等各系統全面檢討修正。果真在額定預算下，達到 20 天完工的目標。

當你面臨高度競爭壓力，當你動輒想用降價、促銷來解決市場問題時，是否能想到，再努力試一下、精進一下，還是可以拚出競爭力。有沒有更精進作業流程？有沒有更瞭解消費者？有沒有更靈活創新突破？先不要說做不到，或已經做得很夠了。再咬緊一下牙關，還是能擠出一些競爭優勢。特別是這幾年來新技術屢屢突破，AI 人工智慧、大數據、智慧製造⋯⋯等，都提供企業許多更有效益的經營提升解決方案。若能善用，絕對能有助於企業再擠出競爭力。

競爭優勢來源 2：找出來 —— 重點不在於你能多強，還在於對手將有多爛

孫子兵法講十二詭道：「兵者詭道也，故能而示之不能，用而示之不用，近而示之遠，遠而示之近。利而誘之，亂而取之，實而備之，強而避之，怒而撓之，卑而驕之，佚而勞之，親而離之。」這十二詭道分為兩種類型，前四項「能而示之不能，用而示之不用，近而示之遠，遠而示之近」是利用欺敵行為讓敵方誤判，是後續競爭優勢來源三「裝出來」。而後八項「利而誘之，亂而取之，實而備之，強而避之，怒而撓之，卑而驕之，佚而勞之，親而離之」則是無中生有，創造競爭對手出錯的機會，就是競爭優勢來源二「找出來」

- 亂而取之：把他搞到「混亂點」再修理他。
- 怒而撓之：挑逗他，讓他氣得半死。卑而驕之：吹捧他，讓他變得驕縱。這兩者是「心理極限點」。
- 實而備之，強而避之：不要在他最強、最狠的時候跟他衝突，迴避他，在他出招之後必須收招時再反擊，這是運用「節奏點」。
- 利而誘之：用利益引誘他行動、移動，有可能會產生市場缺口，這就是「灰色點」。
- 佚而勞之：他很穩健沉著，就四處騷擾他，把他搞到很疲倦。親而離之：他有很好的參謀團協助做出好決策，就設法離間他。這兩者都是創造對方決策失誤的手法，可以算是「失誤點」。

　　戰略兵法大師鈕先鍾曾提到，《孫子兵法》固然有精闢之處，但現代人對此書過度解讀與盲目推崇。我們覺得孫子是戰神，他有一定的「神格」，所以不應該太過詭計多端。因此有些寫孫子兵法的書會提到，兵法的「計」不是計謀的「計」，而是計算的「計」。這算是說對了一半，孫子兵法裡的「計」既講計算，也講計謀。前者指的是「道、天、地、將、法」的廟算，後者指的是「十二詭道」。

　　又有人說：「孫子兵法並不教你以弱勝強，而是如何使自己強大。」這還是說對了一半，因為當天下大亂，戰局變化莫測，有時在山地作戰，有時被迫到平原作戰。山地戰你有優勢，轉移到平原戰時就變劣勢。時間緊迫下，你來不及使自己強大，就必須想辦法讓對手出錯，讓他的優勢變劣勢。然而要讓對手出錯，就必須用到「十二詭

道」。

　　老子《道德經》也講：「以正治國，以奇用兵。」老子也不排斥出奇制勝，我們又何必排斥「兵以詐立」呢？同樣的，在動態競爭環境敵我對抗中，隨時要靈活調整，若能在戰術面上強化自己的競爭力，當然很好。但假若來不及，或根本沒有能力，那就好好「轉虛實」吧！

第 1 種找出來的方法：創造對手失誤點

　　失誤點是指競爭者對「市場發展趨勢」和「敵我攻防對抗」的決策錯誤，因而錯失了戰機。如何在動態競爭中創造對手攻防決策失誤呢？就像馬雲所說，很多人會輸，都是輸在看不見、看不起、看不懂、來不及，這些就是失誤點所在。若你是弱者，要以弱敵強就必須要讓強者在這四不階段增加犯錯機會。只要對手一有失誤，陣線就會裂出一道可切入的缺口。

■如何讓對手看不見？靈巧閃躲，勿入敵偵察圈

　　作戰過程中，敵我雙方會不斷相互掃瞄以獲取競爭資訊，但不同競爭者獲取情報的邏輯並不相同。有些鎖定市場上前五大競爭同業；有些鎖定相同市場區域，如某個城市、國家；有些鎖定相同業態的同業。面對對手的掃瞄，我無法隱身，但我可以讓自己不要進入到對方情報掃瞄圈內。

　　我在教 EMBA 班時，有位同學說他經營的品牌好幾年的市場占

有率一直停留在第六名。我問他為什麼不將占有率往前推，他說，大品牌每年市場調查都鎖定前五名，他不想在還沒有準備好之前，就被強大的對手盯上。

動態競爭大師陳明哲教授提出過 AMC 理論：對手會不會反擊需經過三道思考程式，察覺（Awareness）、動機（Motivation）及能力（Capability）。對手必須先察覺到你打他；其次他要有動機反擊，若你打他不在乎的小市場，他根本不屑，沒動機理你。最後，他本身有能力反擊你。你雖無法隱身，但可以靈巧閃躲，不讓對手察覺你的存在，你就有機會蓄積實力，在關鍵時刻給對手致命一擊。

■如何讓對手看不起？裝傻裝呆，偽裝實力

倘若競爭者注意到我了，我就偽裝欺敵，讓他覺得我沒有威脅。戰場上爾虞我詐是家常便飯，如何有效隱藏自己的有生力量，蓄積足夠的決戰資源，成為以弱敵強的致勝關鍵。市場經營對抗也是相同的道理，我就是不想讓你看到我的真正實力，我低調、不張揚，未到決戰時刻，我鴨子滑水，慢慢來。

我的研發團隊不在公司內部，全部外包，你看不見我的研發全貌，偵測不出我的研發進度。我縱使不缺錢也到處借錢，讓你覺得我財務有問題，不可能對你造成威脅。總之，欺敵的基本原則就是吸引敵人去注意你想要讓他看見的事，並分散其注意力，讓他看不到你不想讓他知道的事。

■ 如何讓對手看不懂？以迂為直，掩飾作戰企圖

《孫子兵法・軍爭篇》說：「軍爭之難者，以迂為直，以患為利。故迂其途，而誘之以利，後人發，先人至，此知迂直之計者也。」地形上兩點之間最近距離是直線。但兩軍相爭，最近距離反而是彎路、遠路。你若走直路，人家研究你的直線路徑軌跡，就知道你的未來方向，也知道你的作戰目標、作戰企圖。但你若彎來彎去，沒人看得懂你在想什麼，就不容易被對方伏擊。所以孫子才會強調「以迂為直」，直就是直線走，迂就是彎著走，縱使面對直路也要彎著走。

有本兵書叫《兵經百字》，用一百個字歸結了軍事鬥爭需要注意的一百件事項。其中《混》字篇提到：「混於奇正，則敵不知變化。」其意是：我混合奇正戰術，敵人就會看不懂我到底要如何變化、真正的企圖為何。我明明要搶占國內市場，卻高調地和外貿協會交流合作；我明明想要在一線城市建立銷售據點，卻偏偏在二線城市徵人，並在二線城市進行培訓。對手縱使察覺到我的存在，但無法研判我的作戰企圖。

■ 如何讓對手來不及？冒險出奇，直擊關鍵要害

競爭者在前三階段看不見、看不起、看不懂，被你搞得楞頭楞腦時，你卻已蓄積實力了。接下來要像獵豹一樣摸近對手，以迅雷不及掩耳的速度發動攻擊。戰爭取勝的一條原則是在對手意想不到的地方打出集中、快速的攻擊。不能讓對手從震撼中恢復，這樣才能保證達到最大的突擊行動效果。

這最後冒險出奇的一擊絕對不是莽撞行動，而是在前三階段就開始醞釀、精準觀察之後採取的行動。德國毛奇元帥曾說：「先計算，後冒險。」優秀的攻擊者往往是經過精心計畫與分析計算後才行動。

第 2 種找出來的方法：創造對手極限點

極限點的意義就是在對抗過程中，將對手的心理抗壓能力逼到最極致，讓他心理崩潰，或喪失理性、衝動魯莽，或意志消沉、懦弱怯戰。總之就是要找出在心智面上壓垮駱駝的那一根稻草。但若對手心智穩定度很高，又有什麼方法可以把他逼到「極限點」呢？

首先，你必須深刻瞭解競爭者的個性特點、決策風格。《孫子兵法・用間篇》說：「凡軍之所欲擊，城之所欲攻，人之所欲殺，必先知其守將、左右、謁者、門者、舍人之姓名，令吾間必索之。」派間諜去蒐集情報不是帶回名冊即可，還要深入了解競爭者及其幕僚團隊的個性特點、決策風格，這些心理層面的資訊更重要。其次，要從競爭者資訊裡萃取出他在乎什麼，並從他在乎的事物中引誘他、調動他，把他在乎的事情逼到「極限點」，讓他自動毀滅。

德行的極限將是危機

《孫子兵法・始計篇》提到「將之五德，智、信、仁、勇、嚴」。理論上，這五德都很重要，但因為領導者個人特質差異，一定會有其特別重視之點。例如三國名將關羽重信，張飛重勇。然而這五德若發展到極限將成為五危。何謂五危？《孫子兵法・九變篇》說：「將有

五危。必死，可殺也；必生，可虜也；忿速，可侮也；廉潔，可辱也；愛民，可煩也。凡此五者，將之過也，用兵之災。覆軍殺將，必以五危，不可不察也。」將領帶兵打戰會產生五種危機：你抱持著必死決心，往往會被殺；你非常想求生存，往往會被俘虜；你忿速，容易急躁用事，我故意侮辱你，讓你暴跳如雷；你很清廉，我就故意質疑你；你很愛護老百姓，我就故意騷擾你的百姓。

兵學大師鈕先鍾在《孫子三論》裡，很巧妙地將「將之五德」與「將之五危」聯結在一起。他特別提醒必死、必生、忿速、廉潔、愛民，其實都是因為五德被逼到「極限點」所造成。

■「勇」的極致發揮是「滅亡」

「必死，可殺也」！因為你很勇敢，不怕死，縱使前方有陷阱還是衝鋒陷陣。好！我就不斷激發你的勇氣，讓你面對再大的陷阱、再大的危機都敢衝。太好了，你早晚會落入我設下的陷阱，讓你死只是時間的問題。

■「智」的極致發揮是「被逮」

「必生，可虜也」！因為你有腦筋，會走小路、穿插迂迴，總是比別人能用小部隊搞出大戰果。好！那我就吹捧你，讓你覺得自己很有智慧，結果部隊人數愈帶愈少，戰果愈搞愈大。早晚有一天你的小部隊會被我在小路上重重包圍，脫困不得。你不會死，但很可能會被活逮。

■「信」的極致發揮是「僵化」

「忿速，可侮也」！信就是遵守承諾，忿速就是急躁、意氣用事。對於這種人我如何引誘他出兵，掉入我所設的陷阱呢？就是不斷辱罵他，說他說話不算話，不信守承諾。當一個非常有信用的人被我羞辱到忍耐的極限，他受不了，為了信守承諾而出兵，就會跳入我所設好的陷阱裡。

■「嚴」的極致發揮是「衝動」

「廉潔，可辱也」！嚴就是自律甚謹，廉潔就是公私分明。對於潔身自愛的人，我引誘他失去理智的方法就是無中生有，指責他操守有問題。對平常會偷些小錢的人，你罵他小偷他自知理虧，不會反擊。但對於一生廉潔無可挑剔的人，你無中生有，不斷挑戰他的清廉，將會使他為了捍衛操守與清譽，跟你死拚到底。

■「仁」的極致發揮是「過勞」

「愛民，可煩也」！仁就是仁民愛物，愛民如子。要殲滅這種領導者不是打他，而是先打他的子民。我就不定期、不定點地騷擾你的子民。因為不定期，讓你必須頻繁出兵救援。因為不定點，讓你必須分兵防守各個角落。前者會把你搞到疲倦，後者會稀釋你的力量。等到你又累又弱，就是我和你決戰的時刻了。

讓競爭者毀在自己的優點下

　　寫《戰爭論》的克勞塞維茨說過：「堅持的性格，就是一種不會因最強烈的情感而喪失平衡的性格。」喪失平衡就是領導者的某一特質被逼到極限點，失去了理性。因此你要逮住對手最堅持、最堅信的信念，設法將其拉高、拉高、再拉高。我只要確認對手不會輕易放棄其堅持的理念，那麼他被自己的堅持害死只是早晚的事了。我唯一要做的就是不斷刺激他，讓他達到心理上的「極限點」。

　　克里斯汀生曾提出「破壞性創新」的概念，他認為現有業者的品質愈做愈好愈高級，功能愈做愈強，達到高出一般大眾所需的功能規格後，就會有新進者從低端市場切入。新進者提供適度良好的產品與功能，而且價格便宜，逐步從低端侵蝕現有業者的市場。因此你若是新進者，為了確保從低端滲透成功，最好期待現有業者忽視你，並毫不回頭地往高端衝。而要達到此目的方法之一，就是吹捧他追求高端的理想，拱高他突破高端的決心，讓他快速達到追求高端的「極限點」。最後你從低端切入，兵不血刃，完成了「破壞性創新」。

　　回到管理科學的角度來看，任何一個制度、手法發展到極致也會有壞處，因為你的極致發展與僵持很容易被競爭者利用，讓你處於危機之中。假如對手非常重視產品的功能設計，我評估自己在功能面上真的打不贏他，那我就捧你、哄你，設法讓你朝著功能面極度提升。當對手在產品功能設計過於投入資源時，往往會忽略或排擠掉別的層面，例如生產效率會降低。此時我就能夠輕鬆逮到對手的「虛」。

第 3 種找出來的方法：創造對手節奏點

聰明的將領會敏銳掌握競爭者何時出招，何時收招。若能掌握其出招的節奏，我就能迴避他的出拳，並算出他的收拳時刻，在對方力量耗盡時發動攻擊。問題是，對方出招若無節奏與規律性，那該怎麼辦呢？很簡單，你自己先規律，透過你的規律，調動對手與你產生共振，進而產生規律。這個講起來很玄，但實際上很簡單，就是運用心理學的制約效應。

競爭對抗時，最麻煩的是不確定對手的出招時間與攻擊強度，逼得我處於被動，必須時時警惕，處處設防，如圖 A。該如何化被動為主動，其實很簡單，就像釣魚一樣，你先用小餌，慢慢引誘魚上勾。如圖 B，你一開始先出招（T1），讓對手反擊（T2）。過一段時間再出

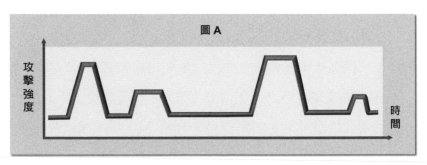

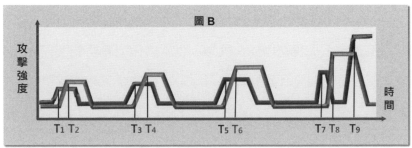

招（T3），對手又反擊（T4）。你逐漸加大誘餌，再一次出招（T5），對手一察覺又反擊（T6）。幾次交手，讓對手順利獲利後，對手往往會養成習慣。當你再度出招，擺出一決勝負的架勢（T7），對手因為有了前幾次經驗，產生慣性，往往不假思索地加大力度要和你決戰（T8）。不料你這次出招是虛招，真正的決戰時間點在後面（T9）。

第 4 種找出來的方法：創造對手混亂點

「混亂點」是在敵方陷入錯愕、混亂時發動攻擊。但若敵方不混亂，如何讓他混亂呢？對於這個問題，我們必須回到對手為何會混亂的原點。主要原因是我們打破了對手原本的作戰規劃和布署，讓其措手不及才會混亂，這就是兵書所說的「出奇」。

然而，市場經營該如何「出奇」呢？企業經營各個角度都有出奇的空間，現從市場區隔與商業模式兩個方向為例。首先「市場區隔」：原本他規劃主力攻擊我 A 區域，而且也料定我一定會堅守 A 區域。不料我偏偏放棄 A 區域，出乎他預期，全力打他 B 區域。讓他措手不及，陷入混亂。其次「商業模式」：原本他料定我的產品一定會平價販售，我偏偏採用租賃甚至是送的。我在你預料不到的攻擊地方、攻擊重點、攻擊方法出招，讓你措手不及，陷入混亂。

在動態競爭時代，新技術、新需求不斷出現顛覆市場。大品牌、領先品牌過度依循過去成功操作市場的經驗，一不小心會忽略掉這些新機會，正好給小品牌出奇制勝的好機會。這些出乎意料的行為都可能導致對手陷入「混亂點」。但競爭者也不笨，你隨便出一個奇招，

競爭者就一定會陷入混亂嗎？並不容易，若要讓競爭者陣型大亂，必須掌握兩個原則：連環出奇，奇正相生。

出奇原則 1：連環出奇

在《超優勢競爭》一書中提到：想發動有效的攻擊，必須運用「同時和一連串的策略出擊」！競爭者受到第一波攻擊時，大多需要修整與恢復。但若你緊接又從不確定的方向發動第二波攻勢，競爭者必須兼顧修整與防禦，這時候最容易出現混亂。特別是你這一連串攻勢速度快、到處打，最容易把對手打到昏頭、反應不過而陷入混亂狀況。

出奇原則 2：奇正相生

但問題是，你攻擊的時候，對手可能會反擊，那該怎麼辦？這時就可以採用奇正相生。

在兵法觀念裡，奇兵不是出奇招的部隊，而是指預備部隊。曹操在《十一家注孫子校理》對奇兵與正兵的解釋最直接，他說：「先出合戰為正，後發為奇。」意思是說，正兵是先派出去接戰的部隊，奇兵則是留在手中的牌，一支預備部隊。他可在正兵與敵交戰中，視戰機出奇招，穿插迂迴，所以稱之為奇兵。

正兵與敵接戰時，若被敵方識破就不要硬拚，撤退下來，此時正兵就成為奇兵，改以預備部隊（奇兵）從側翼攻擊，此時奇兵就變成正兵。通過一正一奇交叉變化，敵人摸不清楚我的真正意圖，摸不清楚我的主力所在，很容易使敵方如入五里霧中，深陷於錯愕混亂。

競爭優勢來源 3：裝出來——重點不在你有多強，而在於對手或消費者認為你有多強

當你已經運用了轉虛實前兩招，結果還是沒有辦法逆轉勝，只好用出第三招：裝出來。讓對手或消費者把我的弱處看成強處，把我的強處看成弱處。

從競爭者視角看強弱勢

企業做 SWOT 分析時一定會要求理性，不要把「S 強處」誤判成「W 弱處」，把「W 弱處」誤判成「S 強處」。原則上這麼要求是對的，因為理性、用心是對自己、對企業負責任的表現。但問題是，對手也那麼理性嗎？假設一下，若對手不理性、糊塗，反而把你的弱處視為強處，把你的強處視為弱處。結果你拚命防守脆弱的位置，沒想到對手誤把此位置視為強處，偏偏不來打，你白忙了一場。而你足以攻擊對手的強處，對手卻誤將其視為弱處，反而集中兵力攻擊，導致硬碰硬，兩敗俱傷。

所以，當你理性地做 SWOT 分析，也不要忘記從競爭者視角反觀你的強弱處。若發現自己強處不多，處處是弱點，你也不要驚慌失措，自亂陣腳。因為不見得每個對手都像你這麼理性嚴謹，他們可能還沒有發現你的弱點，或是有可能誤判。這時候何不多花些心思對自己進行偽裝、虛張聲勢，讓對手將你的弱處看成強處。換言之，你有沒有強處並不是關鍵，若對手誤將你的弱處視為強處，你就是有強處。

以偽裝的強弱勢影響競爭格局

所以強弱處不只是分析標的，還必須從對手的角度來看。而此動作正好創造了戰場上極大的操作空間，可供我們轉虛實，靈活逆轉勝。《唐太宗李衛公問對》這本兵書裡，有一段描述唐太宗與李靖的君臣對話，討論如何操縱強弱勢而影響攻守決策，內容非常精闢。

靖曰：「皆曰：『守則不足，攻則有餘。』便謂不足為弱，有餘為強，蓋不悟攻守之法也。」

李靖說：「很多人都說，資源不足最好採取守勢。資源充分可以採取攻勢。像這種將資源不足視為弱處，資源充足視為強處的人，都是沒有領悟到攻與守的要領。」

太宗曰：「信乎！有餘不足，使後人惑其強弱。殊不知守之法，要在示敵以不足；攻之法，要在示敵以有餘也。」

唐太宗說：「你說對了！資源有或沒有，常常誤導人，使得他們以為強弱處的關鍵在於資源多寡。其實大家都沒搞清楚，守的精神是要讓敵人知道我資源並不足，而攻的重點則必須讓敵人知道我資源充分。」

解讀這段話的精髓在於「示」這個字，示就是示形，故意讓敵人看到。資源有餘不足，不只是攻防決策的依據，更是用來引導對手、

操縱對手的工具。各位，你有沒有發現，重點跑出來了，以前我們看到自己公司資源不足就嚇得半死，沒有想到唐太宗與李靖卻把自己的弱點當成操控對手的方法。怎麼說呢？繼續看他們的下一段對話……

> 示敵以不足，則敵必來攻，此是敵不知其所攻者也；示敵以有餘，則敵必自守，此是敵不知其所守者也。

「示敵以不足，則敵必來攻，此是敵不知其所攻。」是說我的戰線有 A、B、C，若想要採取守勢，但我不知道敵人會從哪個方向攻進來。為保險起見，就將兵力平均分布在 A、B、C，每段各分布三分之一的兵力。其實這是最笨的布防方法，因為最終將導致處處是弱點。

比較靈活的方法是從 A、B、C 三段防線裡選一段易於埋伏、防禦的區域，然後示敵以不足，讓敵人知道我在這段防線上防禦薄弱，很容易被攻破，引導敵人從此處攻進來。我集中所有的兵力在此等待，結果敵人一攻進來就中埋伏。「此是敵不知其所攻者也」意思就是說，敵人從頭到尾都沒搞清楚，他所攻擊的位置，是我設計好，專程等他來落網的陷阱。

「示敵以有餘，則敵必自守，此是敵不知其所守者也。」是說如果我要採取攻勢，最好的方法就是讓敵人知道我兵力充分。假設敵方戰線有 A、B、C 三段戰線，我就故意讓對手知道，我兵力充足，有本事分兵作戰，同時對三段戰線發動致命攻擊。逼得對手處處布防，

將兵力平均分配在這三段,每一段只得三分之一兵力。最後我集中所有兵力,輕而易舉攻破某一段防線。

> 攻守一法,敵與我分而為二事。若我事得,則敵事敗;敵事得,則我事敗。得失成敗,彼我之事分焉。攻守者,一而已矣,得一者百戰百勝。

「攻守一法」,亦即資源多寡並不是決定攻擊與防禦的根本因素,無論攻守都必須要透過示形引導對手誤判,落入我的陷阱與圈套。要攻,我示形讓你兵力分散;要守,我示形讓你走入我要你進去的位置。「攻守者,一而已矣,得一者百戰百勝。」在行銷管理教科書裡,攻與守是兩個章節,但在兵法書裡卻指出沒有攻、沒有守,「攻與守」背後隱藏著一個根本原理,就是「示形與動敵」,這就是「裝出來」的概念。

戰將創造逆轉勝的生機

這一章從分析強弱處,講到識虛實,進而轉虛實。我主要想傳達一個概念:戰將不要只會打好打的仗。

若只會打好打的仗,就如同下圖,你只會做 A 部分,就是依循課本教你的 SWOT,分析出敵我強弱處。然後不幸地發現自己強處很少,弱處很多。所以你跑去跟老闆說:「老闆,沒機會了,投降吧!」這樣的你是一個書生,而非戰將。戰將必須要能以弱敵強,能打艱苦

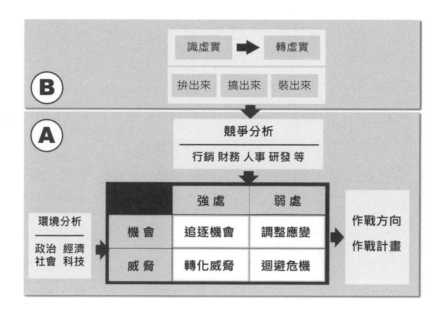

難打的仗。一個公司、一個品牌交給你，就是期待你能救火，你要能幫公司從谷底爬出來，這是戰將的價值與責任。那該怎麼做？就是要學會 B 部分，要能從「算強弱」進步到「識虛實」，提升到「轉虛實」。

同樣一家企業的強弱勢，普通人看起來是瓶頸，戰將看起來是機會，因為戰將能轉化。《何博士備論‧霍去病論》：「人以之死，而我以之生；人以之敗，而我以之勝。」他提到霍去病很能打戰，同樣的武器、招式，到他手上就是不一樣，處處有生機。別人玩了是死，他玩了就是生。別人玩了失敗，他玩了就勝利。問題不是武器，而在霍去病能做好 B 部分。就像是武俠小說提到行走江湖的俠客。水準低的人，手中沒武器，立刻就投降；但是真正武林高手拿根雨傘、掃把

都能打，這就是要你學會從「強弱」轉化到「虛實」。你要有這種能力，才有資格進入到下一章，大家一起來研究「定攻防」。

互動練習：轉虛實

　　30 多年來的世界半導體霸主 Intel 於 2019 年 10 月來台進行「道歉之旅」，執行長史旺對無法有效解決 CPU 缺貨問題致上歉意。Intel 長期以來是半導體製造業的老大，也是台積電在技術上、管理上的學習對象。但如今，Intel 在製程上已經落後台積電兩年，市值也被台積電超越。一家過去以製造與設計為傲，並以設計出最具生產效率產品、能用最尖端技術生產晶圓的領先者。為何競爭優勢消褪，被台積電迎頭趕上？

掃描看
詳解影片

第 7 章

敵我攻防，練套路或打擂台

在以宏觀角度分析完成、確定戰略路線與競爭者後，就要進行細部戰術。微觀決策一樣有主、次決策。次決策先分析強弱勢，並將強弱勢轉化為虛實，盤點現在與未來可能可運用的武器之後，就開始要上場作戰。而這上戰場，就是微觀決策的主決策「定攻防」。

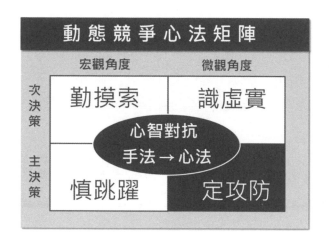

「定攻防」在作戰邏輯上是承接宏觀決策而延續下來的戰術行為。就像是軍隊作戰，總司令決定戰略大方向與格局，確定了作戰路線，接下來部隊中階主管必須在這個路線上為他排除前進的障礙，爭奪關鍵陣地，完成上級交代的目標。爭奪關鍵陣地就是定攻防的概念。戰術定攻防，有兩項前提：

前提 1：目標明確

「定攻防」必須要完全要配合宏觀決策決定的市場發展路線，不能更改。這就像軍隊作戰，高層領導者已經決定要攻 A 山頭，承接

此命令的中階主管若沒有特殊理由，打死也要想辦法把 A 山頭攻下來，不能自行修定目標為 B 山頭。

前提 2：對手明確

因為目標明確，所以比較容易定義競爭對手。基本上，可以把盤踞在這座山頭的人定義為競爭對手，暫時不用想到跨界的競爭者。

既然目標與對手都很明確了，「定攻防」看起來不就很容易嗎？這麼想就大錯特錯了。「定攻防」是整個動態競爭中最難的一個環節。孫子兵法有十三篇，其中最難搞懂的是最中間的〈軍爭篇〉。何謂軍爭？孫子說：「將受命於君，合軍聚眾，交和而舍，莫難於軍爭。」講的是接到領導指令，調集軍隊，在戰場上與敵人交手競合，相互搏鬥，這就是軍爭，也是「定攻防」的意義。

若你我都學會了孫子兵法，在學校考試都可以拿滿分。但是在戰場上真刀真槍進行攻防時，你懂孫子兵法還不夠，還必須確保能玩得比對手靈活，這就很難了。動態競爭的「定攻防」也是一種與人爭利的軍爭情況！你懂 SWOT 分析，懂 BCG 模型，但別人也懂，怎麼玩得比他還活、比他還厲害，那才是關鍵，這也是本章要解決的問題。

天下雖安，忘戰必危

中國大陸企業特別需要重視「定攻防」的能力。主要原因是中國大陸自從改革開放以來，市場成長速度非常快。趕上這一波成長的大企業在追逐快速膨脹的市場成長時，往往太重視跟上趨勢，搶奪商

機，導致企業所思所見都是一些高大上的願景與方向。但當市場成長趨緩、競爭壓力加大時，企業變得需要在有限、緊縮的市場與競爭者短兵肉搏，設法把競爭者趕出市場。此時高大上的願景往往幫不了你，你最需要的是「定攻防」的技術。

其次，中小型企業也需要「定攻防」的能力。因為你要從無到有，要攻下市場灘頭堡，都需要這個能力。或許有人會說，無妨啊，我找到藍海市場，先搶先贏啊。但不要忘了，縱使你先搶占了市場，但是其他品牌在旁虎視耽耽，隨時跟上來，如何防衛你好不容易搶到的市場，也需要「定攻防」能力。

武經七書《司馬法》說：「天下雖安，忘戰必危。」企業最不能疏忽的就是短兵交戰的攻防能力。特別在動態競爭時代，市場窮山惡水，起伏不定，你不可能永遠處於市場處處有機會、有商機、跑得快就能活得好好的情況。動態競爭市場在順境之後，往往緊跟著競爭激烈的逆境。你要居安思危，永遠都要儲備能在逆境裡打硬戰、打艱苦戰役的攻防能力。

一、動態競爭市場實戰模式

過去有很多市場經營成功的企業家，我們應該學習他們的市場經營手法嗎？應該的，但是學完之後不見得有用。為什麼？因為過去的靜態市場環境與現在動態市場不同，操作手法自然需要修正與調整。我們先來研究一下靜態市場作戰攻防操作模式，再來檢討其在動

態市場的適用情況。

靜態市場作戰套公式

　　許多企業的市場攻防作戰分析，大多依循策略設計學派的邏輯。
其背後有一重大假設：環境可以分析與預測。

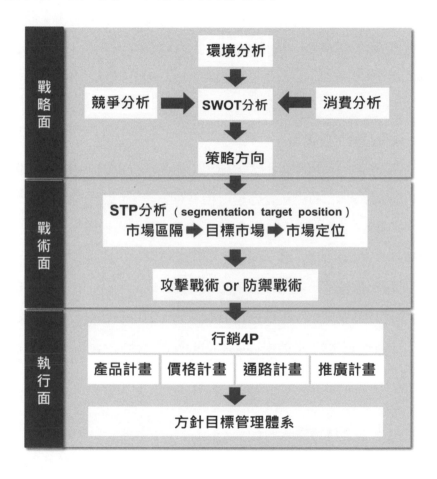

訂定作戰計畫的第一步是進行環境分析，然後做消費者分析，最後與競爭者做優劣勢分析。等這些分析都做完後導入 SWOT 分析，最後得出策略方向。確定策略方向之後，針對方向做市場切割，區分出小區塊市場，然後從中選擇適合自己的目標市場，並依據此目標市場發展市場定位。這三個步驟稱為 STP 分析。目標市場明確後，接下來就開始規劃，如何針對目標市場發動攻擊或做防禦計畫。同時配合著計畫規劃行銷 4P 方案，將其導入企業運作的「方針與目標管理體系」。

敵我功防的動態競爭

靜態市場的環境變化不大，你用上述方法擬作戰計畫，假設對手會站在原地等你來打的確是合理。但在動態競爭市場，你發動攻擊，對手會閃躲、反擊。計畫成敗與否不完全在於計畫做得好不好，關鍵還在於對手反應。這時候，靜態市場思維將變得不切實際。

那麼動態競爭市場的敵我攻防戰到底長成什麼樣子？最簡單的動態競爭可用「模式 A」呈現，你發動攻擊，對手往往會反擊。但不要忘了，真正的動態市場競爭與簡單的動態競爭模式，還是有兩項很重要的差異存在：

差異 1：多回合持續交手

除非你能一招讓對手斃命，否則敵我交手時間會拉長，雙方會呈現如「模式 B」的多回合不斷交手的對戰模式。換言之，思考動態競

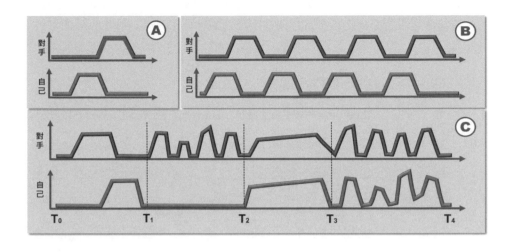

爭決策必須要能拉長時間，從多回合交手的角度來思考應對方案。

差異 2：不規則出招

　　兩軍對戰不是在跳探戈，你出左腳，我出右腳，大家講究協調好搭配。真正打起戰來，誰管你那麼多規則，能拚命咬死你最重要，誰還跟你跳探戈？所以在動態競爭市場，兩方交戰時間與出招模式往往是不規律、不可測的攻防模式，例如「模式 C」所示。

- T0-T1 階段：單純的對手攻擊，我回應。
- T1-T2 階段：一方快速頻繁出招，但另一方不回應。
- T2-T3 階段：兩方像是鬥牛一樣，僵持在那裡。
- T3-T4 階段：兩方像是潑婦罵街，纏鬥成一團。

面對動態競爭「模式 C」的市場情境，敵我雙方多回合持續、不規律地對抗，你要套用靜態市場作戰方法，套公式、套定律去發展攻防計畫，往往讓自己的靈活度僵化。

最近中國大陸興起一股自由格鬥選手對中國傳統武術打假的潮流。許多自由格鬥選手不斷下戰書挑戰中國武術，一上擂台就狂追猛打，打得各大門派高手幾乎毫無招架能力。為什麼傳統武術選手會被打得那麼慘？因為他們喜歡將許多招式整合成一連串的拳術套路。例如：楊式太極拳從起手式到收手式，共 108 式；就算最基本的連步拳也有 36 式。這些武術套路一式接一式，一招接一招，背後都有其合乎攻守的邏輯理由。但一上了擂台，碰到狂搥猛打的自由格鬥選手，人家才不按照你的套路來玩，你不被追得打才怪。

動態市場競爭的攻防，是與人爭利的軍爭。只要涉及到敵我心智對抗、鬥智鬥勇的攻防角力，基本上就沒有標準答案可依循。武術界有句俗語：亂拳打死老拳師！你想仔細分析，對手卻是亂打一團；你想一招套一招，對手卻不按牌理出牌；你想規規矩矩打，對手卻是打群架圍毆你。面對敵我雙方多回合持續、不規律的對抗情況，硬要套公式、套模型去發展市場攻防計畫，不死被打死才怪。

二、動態競爭攻防新思維——點線面攻防決策

如何在動態競爭的市場環境做好敵我攻防作戰規劃呢？

我們現在一起來解決多回合持續交手、不規則出招、競爭者難預

測這三個問題，否則所有教的招式都是假的，都是虛的，都將是花拳繡腿。

從實戰中學習

按照傳統武術的訓練模式，先蹲馬步、練掌法、練套路，一步步學習上來的武師，上了擂台打實戰普遍表現不盡理想。反而是自由格鬥選手或街頭打過群架的小混混有過實戰經驗，他們再去學傳統武術，反而很容易將傳統武術轉化為實戰運用。因為他們知道什麼對實戰有用，所以會打破傳統武術條條框框的約束，挑選對實戰最有幫助的招式來活用。因此我建議先不要從書本堆裡找答案，因為讀再多書，最終還是必須運用在實戰上。以終為始，讓我們來從實戰中找答案。

在公園練太極拳與拳擊擂台比賽，哪一種比較具有實戰性？不用說，當然是後者，因為它和動態市場攻防一樣，都是面對不規則、持續攻防的對抗。所以，想學實戰，不如去揣摩擂台拳擊手是怎麼攻防作戰。

我常常在反思：拳擊手在擂台賽之前會如何規劃攻防作戰呢？有辦法將擂台上敵我對抗的第一招、第二招、第三招，都在事前預測得清清楚楚嗎？不可能！因為一場職業拳擊賽打十二回合，每一回合三分鐘，兩方出拳次數不下上百次。想對競爭者每一拳按順序預測，往往耗費時間與精力，意義不大。我不是體育學博士，目的不是要研究出拳技術；我是拳擊手，最終目的是要打贏比賽。我可以一路

挨打，不在乎出拳姿勢是不是很醜，但最終我要把對手打趴，贏得勝利。

點、線、面三階段攻防決策

依照我以前參加擂台賽的經驗，賽前我不會想花太多心思，去精準預測對手何時會出那一招。因為整個拳擊擂台賽的變數很多，包括攻防中受到場外觀眾情緒影響，還有對手攻防當下的理性與非理性反應……等因素，不能奢想能在賽前將每一招式預測清楚。我建議一種由淺入深的「點、線、面三階段攻防決策」，先粗略規劃攻防過程，其餘就靠臨場應變了。

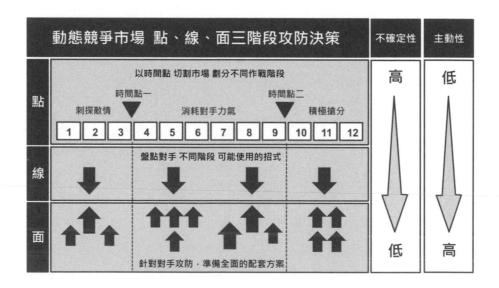

階段 1：「點」，將攻防分割成幾個階段，每階段各有不同的攻防目標

我並不在乎每回合裡一招一式、一拳一腿的得失，反而在乎這十二回合裡該分為哪幾個階段來打。例如，前三回先刺探對手虛實，接下來三回合挑逗競爭者，讓他煩燥，再三回合跑給他追，消耗他的力氣，最後三回合全力搶分，最後打倒他。

階段 2：「線」，盤點對手不同階段可能使用的招式

根據對手的優劣勢，預想對手在每個階段可能會用哪些招式，同時對這些招式的可預測程度做分類。對手一定會出的招，在戰前就必須思考出抗敵之道。對手偶爾會用，但是不知道他何時會用的招式，我會研究如何引誘他出招。提前思考因應不同情況的攻防招式，並籌謀物質與非物質的配套。

階段 3：「面」，針對對手攻防，準備全面的配套方案

我追求的作戰目標就只是贏。要能贏你這一招，不能只想到見招拆招，如此你將永遠屈居於被動。你必須從有形招式到無形角力，從物質火拚到心理對抗，規劃出所有配套招式，有些是助攻，有些是佯攻；有些扮演誘敵，有些擔任主攻；有些是檯面上，有些是檯面下招式。將它們組合成一套連環拳，打壓對手的出拳。

三、點：化零為整，掌握主要作戰階段

我們除了瞭解對手單一的出招，例如：降價、打廣告、市場訊息、法律訴訟……等招式之外，也應該將對抗過程按照「時間點」劃分為幾個階段，在不同階段設定不同目標。而各階段敵我攻防的每一招、每一式，都是在引導整個對抗方向朝著我設定的階段性目標邁進，追求最後獲得勝利。

以「點」來切割市場作戰階段

攻防情況不同，切割市場作戰階段的模式也不同。不好打的戰或對手很狡猾時，我會多分割作戰階段，謹慎地引誘競爭對手走上敗局。一般來說，我習慣將攻防作戰按照時間軸，找出四個時間點：對立點、交戰點、決戰點與終戰點。

• 「對立點」：兩方開始敵對衝突，預備進入實際戰鬥。
• 「交戰點」：兩軍實體力量開始發生衝突對抗。
• 「決戰點」：對方防線出現致命漏洞，值得你集中力量與之對決。
• 「終戰點」：戰鬥結束，清理戰場或準備進入下一波戰爭。

從這四個時間點可以劃分出不同作戰目標的「前期角力」、「中期攻防」及「後期對決」三階段。

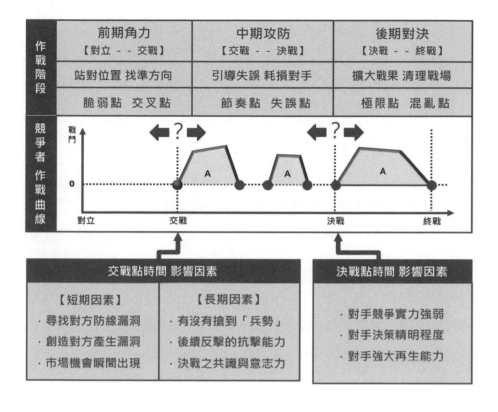

前期角力階段目標：站對位置，找準切入點

戰爭不是從打第一槍開始。戰前準備充分與否，絕對影響未來整個戰爭演變與成敗。包括戰前作戰資源調集，找準進攻切入點或防禦布局。這部分必須熟練前一章「轉虛實」所提，尋找對方的「脆弱點」與「交叉點」的技術能力。

中期攻防階段目標：引導失誤，耗損對手資源

從交戰開始，到決戰點這一段時間內，對方所發動的任何攻防

行動（如圖區域 A）。所謂決戰點，是對方已經顯露出嚴重的攻防缺口，可讓我集中兵力對他發動決戰的時刻。而為什麼他會出現缺口，是我在這階段對其不斷誤導、引誘其作出錯誤的決策，消耗對方的資源與精力。這部分就必須熟練前一章「轉虛實」所提，尋找對方的「節奏點」與「失誤點」。

後期對決階段目標：擴大戰果，清理戰場

一旦找到對手的致命漏洞，跨過「決戰點」，作戰就進入「後期對決」。就攻擊方而言，中期攻防雙方所耗損的資源力量都不少，要能獲得戰果，必須從後期對決中獲得。到後期以迅雷不及掩耳的速度切入，讓敵方驚慌失措，陣型大亂，甚至意志崩潰，我方能以最小代價獲得最大戰果。要能做到這一點，必須用到前一章所提的「極限點」與「混亂點」。

控管對我方最有利的作戰時間點

企業在構思攻防時，除了必須做好三階段的任務目標之外，也必須思考，如何控管最有利於自己的作戰時間點。具體決策重點就在於交戰點與決戰點「快或慢」的時間調整。

「前期角力階段」應該拉長時間，或是縮短時間呢？要迅速進入交戰，還是以拖待變，儘量延後交戰點時間。太早進入交戰，資源不足；太晚進入交戰，貽誤軍機。市場經營最頭痛的是在錯誤的時間點交戰，導致後續戰鬥資源不足，位置不對，捉襟見肘，陷入頭痛醫

頭、腳痛醫腳的被動局面。至於該如何設定對自己最有利的交戰時間點，可從短期與長期角度來考慮。

1. 交戰點短期因素

指影響交戰初期成敗所必須考慮的因素。首先，敵方戰線是否有漏洞？若沒有，創造他出現漏洞需要多久時間？若還是沒有辦法創造出漏洞，突然冒出一個商機，就先衝了再說。順著這三個因素來思考，若成立，則愈早發動攻擊愈好。若不成立，時機尚未成熟，寧可拖延交戰時間，也不貿然發動攻勢。

■尋找對方防線漏洞

在還沒有發覺到對方防線漏洞前，先不要發動攻擊。

《孫子兵法・軍爭篇》：「無邀正正之旗，無擊堂堂之陣。」不要去攻擊旗幟整齊、隊伍統一的軍隊。不要去攻擊陣容嚴肅、士氣飽滿的軍隊。硬碰硬的打法會耗損軍力，又讓自己陷入不可測的危機，不智至極。再密的蛋殼都會有縫，只怕你沒有心去尋找。敵方攻擊部隊實力強勁，他的後勤部隊可能就是罩門；敵方中央部隊很強，他兩翼部隊可能就會輕弱；敵方所有部隊都很強，可能在部隊交接區域容易形成三不管地帶，這就是漏洞。

■創造對方產生漏洞

倘若對方目前沒有漏洞，那我要想辦法「轉虛實」，讓他產生漏洞。

《孫子兵法‧始計篇》提到,「怒而撓之」,騷擾他,讓他怒不可抑。「卑而驕之」,他很謙卑很小心,我就設法吹捧他,讓他變得驕傲,目中無人。「親而離之」,敵人陣營很團結,我就想辦法離間其核心團隊,使其分裂。這些都是方法,但要把對手搞到出現漏洞,需要花時間構思、規劃、執行,若還是需要一些時間逐步完成,那麼交戰時間點要往後延。不打沒有把握的戰,這些前置動作還沒有完成,不適合貿然交戰。

■瞬時機會出現

交戰前,雙方都在張大眼盯著對方出現漏洞。有些漏洞可以人為創造,有些是意料之外的天災劫難,包括競爭者團隊跳槽、生產品質出現重大缺失、生產線出重大意外……等,這些意外狀況都可能在短時間內打亂競爭者原本牢固的防禦陣線。你一定要快速掌握此一瞬間產生的機會,否則當對手從驚慌失措中回過神來,陣線經過調整後愈加牢固,你後續要再發動攻勢就為時已晚。

2. 交戰點長期因素

啟動戰端不難,難就難在發動戰爭後能否持續打下去,並打得贏。啟動戰爭,拚的是爆發力,要能承受對手持續攻防,拚的是耐力,除非你能夠一招就讓對手斃命。

若你不具備耐久力,最好把交戰時間點往後延,以增加籌備時間,勿輕啟戰端,以免身陷泥沼。你的作戰目標是打贏,但麻煩的是

對手作戰目標，搞不好對手不是要贏，而是想拖著你同歸於盡。啟動戰端並不難，難就難在你抽不了身又打不贏，那才麻煩。所以，長期因素是指攻擊的時間點是否對未來後續長期交戰有正面影響。

■有沒有搶到「兵勢」

兵法常講「軍形」與「兵勢」。「軍形」是靜態的，擺在檯面上的作戰實力，包括人員、武器、資源……等。「兵勢」是動態的，是一個力量放大鏡，能讓你將現有的軍形力量倍數放大。就市場作戰而言，「勢」能以不同形式呈現，例如：社會趨勢，愈來愈多人重視食安問題。又例如：市場趨勢，有些產品若能從高端切入，搶先建立品牌形象，將有助於順利往中價位市場延展。

在前期角力階段，我們就必須審時度勢，找出可放大力量的勢，並順勢而為，讓我們在中期攻防階段所出的第二招、第三招攻防產生綜效，起到推波助瀾之力。

■後續反擊的抗擊能力

打戰是打後勤、打補給，彈藥糧草供應順暢是作戰勝敗的關鍵。就動態市場競爭而言，如果無法一招壓制對手，就免不了進入持續對抗。這時就要做好心理準備，接下來會是打資源戰、消耗戰。研發團隊持續開發、修正產品的研發能量足夠嗎？財務資金足夠用於第二波、第三波的攻城掠地嗎？組織團隊能否隨著後續作戰進行擴充與調度？這些問題在發動戰爭前都必須分析盤點，若不足，就應該拉長

「前期角力階段」的時間。

■決戰之共識與意志力

《孫子兵法・始計篇》提到，作戰前要做好五事七計分析。何謂五事？道、天、地、將、法。道者，令民與上同意也，故可以與之死，可以與之生，而不危。面對動態競爭對抗，常常敵我相互出招，不斷對打，拚的不完全是資源與能力，還在於堅定的精神力量。

你的企業團隊對於即將到來的市場攻防戰有沒有必勝的決心？企業團隊對於作戰方向、作戰策略有沒有共識？你的企業團隊對於面臨的困境，有沒有誓死克服的心理準備？若沒有，你還是將交戰點時間往後延，先激發士氣再說。

3. 決戰點時間調整

「中期攻防階段」目標在於消耗對方資源、力量與意志，以引導戰局進入決戰。換言之，決戰時間點快或慢沒有標準答案，一切以能消耗對方精力，或製造對手「失誤點」來設定。例如：假如對手實力超強，精明謹慎，不容易找出破綻，必須多方引誘誤導他出錯，那你的決戰時間點最好往後延一些。

■對手競爭實力強弱

對手競爭力強大，與他正面對決的風險非常大。這時還是採取間接路線，多花點時間與其周旋。《孫子兵法》：「軍爭之難者，以迂為

直，以患為利。故迂其途，而誘之以利，後人發，先人至，此知迂直之計者也。」地理空間兩點最近的距離是直線，但是作戰對抗時，迂迴的彎路反而是最有效的路線。當我們多花些時間，多繞些遠路，讓對方感覺我很遠，因而放鬆警惕，反而更容易逐步引誘對方出現漏洞。

■對手決策精明程度

要引誘對手犯錯必須用計。但不管你的計謀多嚴謹，對手要是不中計，你也無可奈何。面對一個精明的競爭者，他心思細膩，思維嚴謹，你要想誘之以利，引他入甕，並不容易。這時用計心態不能操之過急，寧可拉長「中期攻防階段」，先卸除其心防，令其心理鬆懈，再勾引出「失誤點」。

■對手再生能力強大

二戰時，日軍偷襲珍珠港，原料想美軍會因此屈服而走上談判桌。不料美國宣戰，並啟動其國內強大的工業生產能力，快速重建戰爭武器。珍珠港事件前，日軍有十二艘航空母艦，美軍有十多艘。但至二戰末期，日軍只剩四艘，美軍卻已擁有五十艘航母。

市場攻防作戰的道理也是如此。可能你和對手是產品對抗，實際卻是公司對抗。你縱使打贏了產品層級的戰役，但對手公司的研發、財務能力很強，發展更進化的新產品、新武器能快速投入市場，對你造成不利影響。此時寧可拉長「中期攻防階段」，令其消耗更多資源後，再進入決戰時間點。

四、線：盤點對手不同階段可能使用的招式

以時間軸為線，根據對手的優劣勢預想他每個階段可能會用那些招式，並對這些招式的可預測程度，進行分類，提前規劃因應之道。可以從「自己角度」與「對手角度」來研判：

- 自己角度：使用傳統 SWOT，分析競爭者強弱勢。
- 對手角度：以同理心揣摩對手會如何挑我的漏洞，如何找我的罩門。

一般企業做競爭分析時，往往會忽略「對手角度」。但在戰場上，你一定要體認到，你會打對手，對手不笨，他也會反擊你。你不要只會矇著眼睛打別人，而不去想像別人用什麼詭計招式來瓦解你。

1. 自己角度：對手有什麼優勢？對手會如何運用此優勢？

■對手有什麼優勢？

市場上短兵交戰，競爭者使用的武器種類多元，從有形的商品功能到無形的品牌形象，從前方的商品特色到後勤的行銷通路。這些可以總合為「商品力、行銷力、形象力」。

商品力不外乎指商品功能、規格、造型……等硬性軟性優勢；行銷力指的是市場通路，通路數量、可控能力。形象力指的是品牌聲譽、企業形象等。基本上，你對競爭者做 SWOT 時，只要他具有強項，都是可能成為未來攻擊你的武器。但是，SWOT 只看現況，動態競爭是長期對抗，所以必須評估未來弱勢轉變成強勢的可能性。弱項

如何變成強項呢？必須考慮其背後的組織資源，如財務能力、研發能力、生產能力……等管理功能。

■對手會如何運用此優勢？

優勢是死的，人是活的。了解競爭者過去的行事風格，以及他習慣怎麼依據自己的優勢做出攻防，都有助於洞察對手可能採取的行動。換言之，我們除了盤點對手資源優劣之外，還必須研究競爭者的目標、策略、關鍵決策者的人格特質與行動，以及過去所有決策的成敗。

2. 對手角度：自己有什麼漏洞？ 有什缺口？

我曾到某家企業做輔導，該企業總裁很用心地介紹集團經營戰略與行銷計畫，並問我：「市場經營對我公司非常重要，請問你對我公司的市場與商品有什麼寶貴的改善建議？」我說：「改善建議倒是沒有，因為剛剛我大多數的時間都在想如何搶奪你們的市場、摧毀你們的品牌優勢、瓦解你們的產品布局！」還沒等到我說完，總裁就露出不悅的眼神。我猜他心中正在嘀咕，我誠心想請教，你卻只想要破壞我。其實，不是我白目，而是最瞭解我們缺點的不是別人，而是我們的敵人。想瞭解自己弱點最快、最有效的方式，就是站在敵人的角度思考競爭者會如何攻擊我。

古人說：「以敵為師，可以知不足。」沒有人會比競爭者更關注我們的弱點，更容易看出我們的弱處。敵人會攻擊我們哪個位置？用

什麼方式攻擊？我們應該「換位思考」，去猜測對方的想法脈絡。這就有如我們在戰場上挖好壕溝、築完城牆後，還應該離開構築的陣地，用敵人的視角站在敵人攻擊發起線上，觀察自己陣地的缺失。

說起來容易，做起來難。愈是成功的企業，愈容易產生慣性思維，只看到自己的強處而產生盲點。企業該如何站在競爭者角度反看自己呢？建議從下面三個方式來著手：

■競爭者如何觀察我們？

當企業正在沾沾自喜有完整的產品系列，產品種類多又齊全，並且已經建構出一個完整的產品防禦戰線，不怕對手進攻。此時你的競爭者可能不是在關注你的產品線，而是你的後勤運補；競爭者關心的不是你的產品系列，而是產品流通到各業務區域後所產生的缺口。不同經驗背景的競爭者，觀察重點會不同。試著從競爭者的角度看自己，將能跳脫慣性思維，發掘更多維度的問題點。

■競爭者如何解讀資訊？

我們企業這三年來業績直線成長，業務增長迅速，市占率已從產業五、六名直達坐二望一，這背後代表整個集團正在朝更大更強的方向茁壯。沒錯，這是你對績效數字的解讀，但是競爭者的解讀邏輯不見得相同。你的競爭者會極端嗜血地從績效指標裡，嗅出你未來在與他交手時可能出現的破口。

市占率成長很快，業務支援體系、服務質量系統……等不見能

跟上，你的競爭者不見得會去追趕，而是在等待你崩盤。「坐二望一」固然令人振奮，競爭者可能在等待你和領導者鬥爭，之後坐收漁翁之利。企業常習慣用方針目標管理的角度，用拉績效延長線的心態，看著增長指標數字期待未來的目標。可是你的競爭者可能會用挖缺口、埋陷阱的模式來解讀這些數字。

■競爭者如何思考作戰方案？

競爭者觀察並解讀我們的戰線優缺點後，他會循著哪種路徑對我們發動攻擊？我的產品線那麼完整，業務、研發團隊那麼堅強，在正常理性的情況下，大軍團式的正規布局應該能抵擋住競爭者多波次的攻擊。

問題是，你覺得市場上的競爭者都像你一樣理性思考嗎？有沒有可能出現不理性、不要命、不規範思考模式的競爭者呢？我們堅強的「馬其諾防線」是否只能應付正規戰，而無法面對游擊戰？我們是否只能應付陣地戰，而無法面對運動戰？不要從自己的角度，認為一切想當然耳，而應該從競爭者的思考邏輯，去挖掘自己戰線的缺口與瓶頸。

研判競爭者出招的確定性

規劃攻防計畫，最期盼能清楚預測對手攻擊三項變數：作戰招式、作戰時間、作戰地點。亦即我能精準預測對手什麼「時間」，出什麼「招式」，打我「哪裡」。若能如此，我就能輕鬆研擬應對方案。

但這是理想狀況，環境變化莫測，競爭對手不見得理性；你認為聰明的對手不會出這一招，不巧他不只不聰明，還可能是神經病，偏偏抱著火藥跟你同歸於盡。碰到這種你也只能認命。

所以，縱使你已經從自己與對手的角度，盡可能盤點競爭者可能的作戰武器，但還是無法全面預測到競爭者不按牌理出牌的招式，更不用說還想預測對方的出招時間與地點。動態市場作戰要想事前預測得很精準，那都是打完戰後的事後馬後炮，說說而已，事前誰又能知道呢。

也因此，我建議不用花太多心思精準預測對手的作戰招式、作戰時間、作戰地點，反而應該按照「招式、時間、地點」的可確定程度，區分成高、中、低三種類型，再以不同的方案應對。

	競爭者攻防三變數			動態競爭攻防三方案
	攻防招式	攻防時間	攻防地點	
確定性 高	可預測	可預測	不可預測	拒敵方案
確定性 中	可預測	不可預測	不可預測	動敵方案
確定性 低	不可預測	不可預測	不可預測	察敵方案

■確定性高

大致能掌握對手有那些招式可出，同時知道對手往往在什麼情況下會出這些招。例如，戰鬥一打響，對手常常會先來這一招；或是遇

到危機就會出這一招。總之，對手攻防招式與攻防時間可以預測。

■確定性中

　　大致可掌握對手有那些招式，但不清楚何時會出，會打哪裡。例如，對手曾有亂降價的不良記錄，我知道他會做這件事，但不知道未來什麼時間還會這麼無厘頭再搞一次。

■確定性低

　　完全不知道對手何時會出哪一招，會打哪裡。沒有過去的經驗可參考，對手可能會有臨時想出來的新招式。真實市場作戰有可能是叢林戰，事前無法分析預測，頂多只能隨機應變。

規劃自己的應變攻防

　　當我們分析了競爭者可能出的招式，並確定性分為三種類型後，就可以開始思考應對方案。對於「高確定性」的招式要預作準備，此為「拒敵方案」。對於「中確定性」招式，你確定他會出這一招，但不知何時出，與其被動等待，不如主動誘敵，讓敵人按照你的調動而出招，這是「動敵方案」。若調不動對手，或完全預料不到對手可能會出什麼招式，屬於「低確定性」，必須特別小心觀察對手一舉一動，以爭取提前因應，此為「察敵方案」。

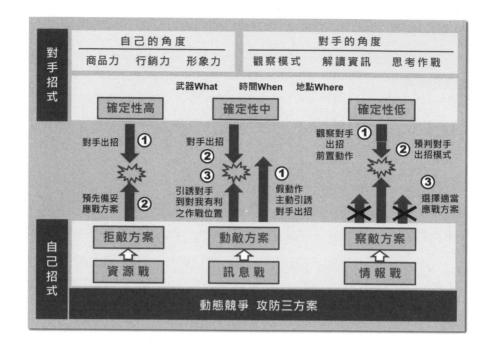

對手招式	自己的角度			對手的角度		
	商品力	行銷力	形象力	觀察模式	解讀資訊	思考作戰

武器What　　時間When　　地點Where

確定性高　　　　確定性中　　　　　確定性低

對手出招 ①　　　對手出招 ②　　　觀察對手出招前置動作 ①　　預判對手出招模式 ②

預先備妥應戰方案 ②　　引誘對手到對我有利之作戰位置 ③　　假動作主動引誘對手出招 ①　　選擇適當應戰方案 ③

自己招式	拒敵方案	動敵方案	察敵方案
	資源戰	訊息戰	情報戰

動態競爭 攻防三方案

1. 拒敵方案：針對高確定性，主動規劃應戰方案

用兵之法，無恃其不來，恃吾有以待也；無恃其不攻，恃吾有所不可攻也。

宋代時，金國女真人用兵主要有兩種武器：鐵浮屠與拐子馬。「鐵浮屠」就是馬與騎士全身都包裹著重鎧甲，刀槍不入的重騎兵；拐子馬則是多匹馬以皮索相連的騎兵。以往一開戰，金兵都是先使用「鐵浮屠」攻堅，左、右翼使用「拐子馬」迂迴側擊包抄。這二者結合，無堅不摧，所向無敵。

就這個案例來看，競爭者攻防三變數：招式確定（鐵浮屠與拐子馬），時間確定（每次開戰就先使用）。這些戰術屬於確定性高，經過多年實戰失敗的宋軍也摸索出一套戰前的「拒敵方案」。例如：「鐵浮屠」刀槍不入，那我就用大鎚頭把你敲昏；「拐子馬」三匹馬相連很厲害，我就專砍馬腿，砍了一匹馬，三匹馬全廢。當年岳家軍就是用這種拒敵模式，殲滅金國主力騎兵。

當你從經驗推論競爭對手很喜歡打價格戰，每次都用「削價競爭」搶市場，你就必須啟動「拒敵方案」。聽說中國格蘭仕很會打價格戰，生產規模每擴大一次，他就會大幅下調價格。比如說，當規模達到 150 萬台時，他就會將價格定在規模為 100 萬台企業的成本價以下；當規模達到 300 萬台時，就會把價格調到規模為 200 萬台企業的成本價以下。追隨他的競爭者除非能形成顯著的品質技術差異，若技術無明顯差異只能跟隨降價，承受賣一台多虧一台的結果。格蘭仕策略性降價的目的是在消滅市場上的追隨品牌，長期以來已是眾人皆知的手段。你既然知道，當然要提前調動資源，想辦法因應，這就是「拒敵方案」的精神。所以，當你在市場上遇到對手很明確的價格行為，及早因應的方法不外乎這幾種：

■ 和他瘋到底！

硬碰硬，他降價我也降！他推出買一送一促銷方案，我也跟！他送贈品，我送得更多！看誰撐得久。

■我讓產品自己說話！

他瘋我不瘋，我以價值取勝，升級產品服務，提升產品功能，不和他打價格戰。喜歡便宜貨的人去找他，喜歡好產品的請留下來。

■我讓產品有了生命！

縱使礦泉水市場一片紅海，我也不跟你拚價格比便宜，轉而賦予產品生命。比如說，農夫山泉就強調有點甜，吸引覺得一般礦泉水太淡沒味道的人。巴黎水，一個加了氣泡的礦泉水，特意擺在高端場所，讓喝的人覺得自己比較有品味，讓看你喝的人崇拜你。依雲礦泉水講故事給你聽，這一瓶水來自阿爾卑斯山，有很多礦物質，那裡的人都散發著年輕的容光，喝了依雲會變年輕。他拚價格，我拚讓消費者感動，愛上我。

■我讓消費者變聰明！

消費者選擇產品的時候，有時並沒有一個明顯的標準來判斷產品好壞。若他標準不清楚，分不出好產品該有的模樣，自然很容易受低價產品吸引。這時候，你最好能提供一個標準給消費者，讓他去評估與衡量。重點是，不論標準怎麼衡量，最後都將導向對你最有利的方向。例如，鼎泰豐小籠包提出「十八摺的黃金摺數」，摺數多了麵皮容易推疊，口感不佳；摺數少了做工不夠細膩，賣相失分。賣包子的甘其食提出好包子的標準：「生包子重 100 克，皮 60 克、餡 40 克，誤差不超過 2 克。」這些標準真的那麼神嗎？這我不知道，但是聽起

來就覺得很厲害，縱使貴一點我也想買。

羅列一堆拒敵方案之後，接下來的問題就是如何選擇。「和他瘋到底」，你有籌碼嗎？「我讓產品自己說話」，你有技術嗎？「我讓產品有了生命」，你會說故事嗎？「我讓消費者變聰明」，消費者相信你嗎？諸如種種，都牽涉到自我能力的評估與資源調動。所以拒敵方案就是提前掌握對手高確定性的出招，調動資源與敵進行「資源戰」。

2. 動敵方案：主動調動對手出招

善動敵者，形之，敵必從之；予之，敵必取之。以利動之，以卒待之。

不知道對手何時、何處出招，那就逼著他在我期待的時間與地點出招。善於調動敵軍的人向敵軍展示軍情，敵軍必然據此判斷而跟從；給予敵軍一點實際利益為誘餌，敵軍必然趨利而來，從而聽我調動。這叫做動敵，化被動猜測為主動引導、調動敵人。動敵就是要操縱競爭，引導對手按照我的規劃方向行動，要你往東，你不會往西。這就是「示形」，打市場訊息戰。

市場訊息戰的種類

向競爭者發出訊息，讓競爭者猜測或明瞭自己的作戰意圖、動機、目標，進而達到「動敵」的目的。例如，企業宣示即將挾大量投

資進入 A 市場，藉此向競爭者傳遞清楚訊息，阻絕競爭者想進入 A 市場的念頭。或是企業宣布專攻某市場的產品漲價，藉此吸引想獲得較高利潤的競爭者投入此市場。釋出的訊息有可能是真實的，也有可能是假的，或部分真實、部分虛假。不管如何，目的都是為了影響競爭同業，選擇有利於我方策略目的的決策。

■嚇阻

嚇阻是最常見的市場訊息戰種類之一，其目的在於向對手彰顯自己將不計損失驅逐、打擊來犯的競爭同業，進而讓同業完全不敢採取任何侵占我方目標市場的行動。例如：在切入市場之前，即告知同業自己將會以頂尖技術，或高度垂直整合能力，提供市場高品質、低價格的高殺傷力產品，讓同業認為貿然切入同樣市場的失敗機率相當高，因此放棄經營此目標市場的念頭。

有時為了避免對手侵入後，必須花大量資金驅趕競爭者，因此經常使用嚇阻方式「先聲奪人」。一般而言，企業未必要展現出具體行為（例如：蓋廠、買設備……等），大多僅需發聲明稿、舉辦公開說明會……等即可。值得玩味的是，企業用來嚇阻同業所散播的資訊有時未必真實，亦有可能僅是虛張聲勢。因此，當經營團隊要用嚇阻來不戰而屈人之兵時，必須設法提高散播資訊的內容、方式、時間點的真實度，讓競爭對手信以為真。

■宣示

宣示並非像嚇阻一樣採取高壓強勢的態度，讓競爭同業害怕損失而不與我方競爭。宣示較像是一種「善意的提醒」，告知競爭對手自己未來的目標，且往往只選擇某一特殊區隔市場，而非整體市場。由於不主動觸及對手地盤，因此並不影響競爭同業的經營，彼此都還能專注本業、和平共存，共同享有較高的利潤。例如：我方宣示要專注於農用大型機具租賃市場開發，雖然對手也從事租賃服務，但他目前著重布局於一般汽車與工程車輛的租賃服務，因此我方行為將不會對他造成影響。既然雙方不會相互侵占市場，因此都不必採取降價或投入資源來進行防禦，能共享「井水不犯河水」的較高獲利空間。

■欺騙

許多企業在正式推出產品或切入市場前，都對自身的訊息保密到家（如新款智慧型手機的規格設計），然而也有企業會選擇扔出煙霧彈，企圖誤導競爭同業對自己未來動向的判斷。例如：H 公司想切入中階家用冰箱市場，在產品正式推出之前，卻不斷散播自己將引進高端技術、與國外知名大廠交流……等訊息，競爭對手聞訊紛紛在高端市場投入資源，嚴陣以待。然後在產品上市前半個月，對終端消費者散播中階家用冰箱新機種的訊息，讓對手措手不及，無法立即做出有效防禦，得以順利切入中階市場。

德州儀器的電子數字錶就是「欺騙」的好案例。當電子數字錶市場技術與需求成熟時，眾多廠商都打算全力切入。德州儀器也有此打

算，並且向市場所有競爭同業宣布計畫：「德州儀器將推出每支僅要19.15 美元的電子數字錶。」訊息一散播開來，其他原先躍躍欲試的競爭同業立刻停止所有行動，因為若是德州儀器能夠以那麼低的價格提供產品，這塊市場的利潤將不如預期，因此一一放棄切入此市場的念頭。爾後德州儀器推出電子數字錶時，價格卻在 19.15 美元之上，讓放棄開發電子數字錶的廠商跌破眼鏡。德州儀器的欺騙戰術，讓其他廠商錯過了開拓市場的最佳時機。

■干擾

「善攻者，敵不知其所守」，市場競爭就像體育賽事，除了要設法猜測對手下一步將會做什麼之外，更要隱藏自己的動向。除了靠資安保密之外，將過去經營軌跡與決策慣性模糊化，也能讓對手難以預測我方的策略，大幅提升策略的成功率。於實務操作中，經營團隊每一次散播的市場訊息若都為真實，或都為虛假，下一次在釋放資訊時，就很容易被競爭對手猜測我方下一步的行動，因此許多企業會不定期釋出無關緊要的訊息，部分真實，部分虛假，讓競爭同業無從判斷每一次訊息的真偽，也可讓對手疲於奔命，達到干擾對手做決策的目的。經營團隊若考慮經常使用此類型訊息戰，務必留意「無誠信」的負面效果，畢竟在球場上使用假動作是合理且被觀眾讚美的技巧，但在真實市場競爭中，不見得所有客戶都樂於被欺騙。

3. 察敵方案：提前察覺對手出招

念之所起，我悉覺之；計之所始，我悉洞之。

兵法書《兵經百言》提到：「念之所起，我悉覺之；計之所始，我悉洞之。」對方在想什麼，我立刻能察覺；對方在玩什麼詭計，我看得清清楚楚。的確，若我能預測對手出招方式，就能預先規劃「拒敵」方案。若不知對手何時、何處出招，我可「動敵」引誘對手出招。若仍無法引誘出招，那只好謹慎觀察對手的一舉一動，從蛛絲馬跡研判對手出招的時機與地點，這叫做「察敵」。

「察敵」說起來容易，做起來困難，因為關鍵在於能「提前」察覺到對手的動向。特別是在敵人出招前，能愈早察覺、研判對手未來動向愈好。所以察敵的重點不在於觀察對手招式，而在於觀其未萌之徵。

同樣道理，市場競爭處處存在對手的前置動作，提供我們「察敵」的機會。例如：競爭對手偷偷地對某產品進行消費者行銷測試，從測試對象與題目內容，可猜測出其產品定位與訴求點。又如傳統生產型企業突然併購了流通業，也可解讀他想向下游垂直整合。其他諸如對方雇用、資遣員工行為，都可以是攻防行動的前置動作。只要不違反職業道德與誠信，在實務工作中有許多方法可確認。以下提供較常見的方式：

■觀察財報，判斷是否真的具有能力

較大型的企業在每季、每年都必須提供財報。透過仔細評估，可判斷競爭者是否真的有能力達成其所發出的訊息。若資訊屬實，甚至可以觀察出目前的進展狀況。

■派出間諜，正大光明詢問意圖

有些企業為了確認對手散播訊息的真實性，不惜委外安排人員至對手公司面試，或以股東的身分至服務處詢問後續經營方針，如此能加以確認對手後續行動是否與散布的訊息一致，甚至可洞察對方背後的動機。

■事前跡象，任何行動必定有相關準備

任何一家企業有重大的業務拓展或產品上市，除了自身技術與行銷規劃往往在公司內部進行之外，仍有許多環節必須倚賴其他企業，例如：上游供應商與下游經銷商。透過刺探供應商與經銷商，也可讓經營團隊更加確認對手是否真有後續行動。若供應商表示該對手並沒有任何新的訂單，或經銷商完全一無所知，則訊息的真實性偏低。

■旁敲側擊，蛋殼再密仍會有縫

許多企業在預備執行重大計畫前，會委託第三方顧問單位輔導、協助，或資金補助。若能夠透過關係與這些相關人取得資訊（並非索

取完整專案內涵，僅需確認是否有這回事即可），也能辨識對手是否言行合一。

五、面：規劃全面性，整合攻防方案

「點、線、面分析」是一個由淺而深的攻防計畫思路，其目的是在動態競爭市場上，降低競爭對手出招的不確定性，並主動掌握作戰節奏與步調。做完「點」與「線」分析後，表示已完成戰前盤點對手攻防武器，接下來就要準備進入正式擂台賽。「面分析」就是規劃上擂台該怎麼打。打擂台不是只有比資源多寡，比招式誰比較狠，那是靜態思維。動態思維是比誰更善用資源，活用招式。如何整合有形、無形招式，結合物質、心理對抗，將所有招式全盤整理，有些是助攻，有些是佯攻，有些扮演誘敵，有些擔任主攻，形成一波波相互連結、產生綜效的作戰攻防規劃（如下圖）。

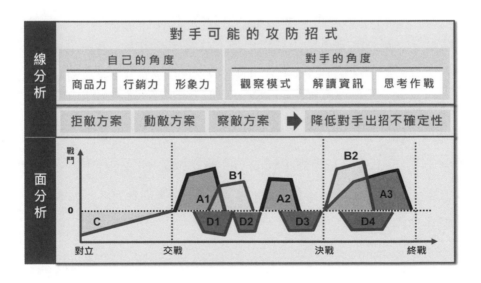

經由「線分析」盤點對手出招內容（如上圖 A1、A2、A3）之後，企業必須經過「面分析」，來規劃整體的攻防對策。這些應對招式共分為三種類型：

類型 1：檯面上看得見的應對方案（如圖 B1、B2）

類型 2：檯面下角力運作的方案（如圖 D1、D2、D3、D4）

類型 3：戰前籌備動作（如圖 C）。

　　理想情況下，市場競爭必須揚長抑短，對手出 A1、A2、A3 招式，我反擊以 B1、B2 行動。但真實情況下，若我方沒有可揚長的項目呢？ 或是有優勢，但硬碰硬對抗，往往殺敵一萬，自損三千，還是划不來。所以戰將不要習慣和對手玩焦土戰，而必須在作戰規劃時，就配套組合檯面下的作戰方案與戰前籌備動作。設法用最少的資源代價，贏得對敵作戰任務，這才是高手。

　　《孫子兵法·謀攻篇》說：「上兵伐謀，其次伐交，其次伐兵，其下攻城。」最好的軍事手段是以己方之謀略挫敗敵方，其次是透過外交手段瓦解敵人，再其次是用武力擊敗敵軍，最下下策是攻打敵人的城池。你可以把「伐兵、攻城」視為檯面上應對方案，「伐謀、伐交」則視為「檯面下方案」及「戰前籌備動作」，其目的是為了確保檯面應對方案（B1、B2）能夠順利成功。要能做出靈活、有效的攻防作戰方案，必須注意以下兩個重點：盯緊對手相應對招式，結合檯面下的配套動作。

重點 1：盯緊對手想應對招式（B 區域）

依據競爭者檯面上招式（如圖 A1、A2、A3）所發展的應對招式（如圖 B1、B2），也就是依據對手招式確定性高低而衍生的「拒敵方案」、「動敵方案」與「察敵方案」。然而這些應對招式要做得好，必須額外掌握兩項變數：攻防時間、攻防地點。

對手何時出招，有些能確定，有些並不確定。對手不確定性出招，我們可用「動敵」主動引誘對手，在我設定的時間點出招。但若調動不了對手，則採用「察敵」，捉緊對手出招前一刻的小動作來研判他的出招模式。

至於「攻防地點」分析，最好畫出一張作戰地圖，以便了解對手攻防位置。作戰地圖有很多製作方法，也有不同形狀的地圖。我會在第 9 章略為介紹作戰地圖，這是一種具象化決策工具，可運用於市場攻防決策。

作戰地圖協助動態決策

在此我先畫一張最簡單的作戰地圖，供我們繼續討論。下頁圖以「地區變數」與「客戶年齡」為橫縱座標，將市場區分為 9 個小市場。每個市場區隔左上角的數字，代表該市場的規模，5 最大，1 最小。數字旁邊的箭頭代表該市場區隔的成長率，箭頭往上表示市場處於成長，往下表示市場處於衰退。

從作戰地圖裡可以看到市場有三位競爭同業，「A 品牌」市場分布在「北部—老年」、「北部—中年」與「中部—老年」。「B 品牌」

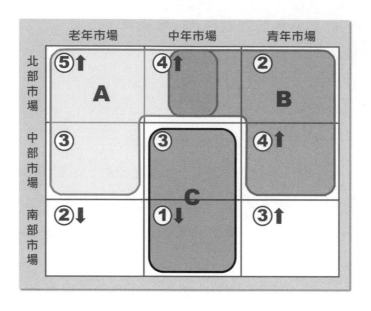

走較年輕路線，市場分布在「北部－中年」、「北部－青年」與「中部－青年」。「C品牌」專攻中年市場，市場分布在「中部－中年」與「南部－中年」。接下來我們就用這個圖來分析競爭者攻防行為發生地點。

　　假如A品牌發動攻擊行為A1（如圖，提升產品服務水準、增加產品功能特色……等行動），你是C品牌，請問你該如何因應？接到這個問題後，可能有人就開始套用各種策略理論，進行攻或守、應戰或迴避等分析。但請先不要急，還是先看看攻防三變數：攻防招式、攻防時間、攻防地點。等這三變數確定後，較能夠協助我們判定應對方案。

　　A品牌此一攻擊行為只確定了「攻防招式」與「攻防時間」，但

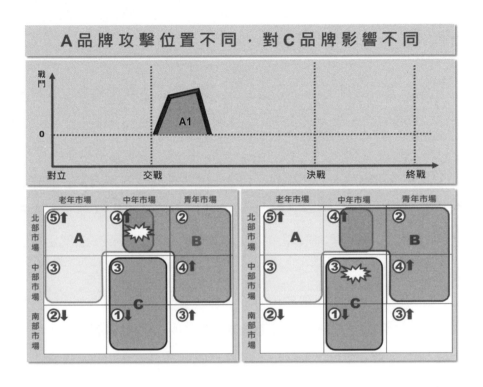

「攻防地點」還是未知數,所以要確認對 C 品牌是否有影響,尚言之過早。因為競爭者 A 攻擊位置不同,對你影響完全不同。如上圖:假若你是 C 品牌,若 A 品牌的攻擊行為 A1 鎖定「北部—中年」市場,則對你影響不大。若是鎖定「中部—中年」市場,你就非得思考應戰方案了。換言之,攻擊位置不同,對你的影響差異非常大。除了套用公式之外,你最好要畫一張這樣的作戰地圖,以具象的形式協助你做決策。

重點 2：結合檯面下配套動作

善戰者，不待張軍；善除患者，理於未生；善勝敵者；勝於無形。上戰無與戰。故爭勝於白刃之前者，非良將也。

真正會打戰的人，不是在戰場上兩軍對峙拼生死，而是在開打之前，先塑造對自己最有利的態勢，這就是「戰前籌備」。能夠打勝敵人的人懂得在檯面下無形運作，創造對自己有利的格局，這就是「檯面下角力運作」。

所以，企業不要只會見招拆招。對方檯面上出招式 A，我就只會也在檯面上和他對抗。你應該不斷思索，如何巧妙組合檯面上、檯面下及戰前籌備，相互搭配活用，最終目的就是活下來，並且打贏這場戰爭。

戰前檯面下角力運作（C 區域）

《孫子兵法‧謀攻篇》說：「上兵伐謀，其次伐交，其次伐兵，其下攻城。」最高段的作戰思路是不戰而屈人之兵，用謀略布署、外交縱橫、協助有形力量之對抗。英國戰略學家利德爾‧哈特（Liddell Hart）曾說：戰略家真正的目的不僅在尋找機會進行會戰，也在於創造一種最有利的戰略形勢。形勢本身當然不能產生決策性的結果，可是繼之以會戰，就一定可以獲得這個結果。」造成「最有利的戰略形勢」，就是孫子兵法所說的「伐謀」與「伐交」。這就是區域 C 特別著

重之處。

■強化自己戰前準備

《孫子兵法・軍形篇》說:「昔之善戰者,先為不可勝以待敵之可勝。不可勝在己,可勝在敵。」對方只要出錯你就容易獲勝,但對方會不會出錯,你並不能百分之百掌握。唯一能掌握的就是先把自己做好,讓自己不會出錯,不給敵人可趁之機。這就是先為不可勝,以待敵之可勝。如何做到自己不可勝?要進入決戰之前,要把該準備的糧草器械趕快準備好。

企業市場作戰也一樣。滴滴打車與中國優步殺得眼紅時,兩者花掉 200 億美金,大約是美軍在打波灣戰爭的三分之一。華為在上世紀 90 年代,「掠奪式」地高薪招聘優秀大學生,以快速補齊未來快速發展所需的人力資源。台灣景碩科技面對未來 5G 時代車用電路載板零不良率的要求,提前將所有資源調回台灣,專注在自動化以提升良率與品質。戰鬥不只在檯面上競爭,早在開打之前,都已經在進行金錢、人才及技術上的爭奪與角力了。

■破壞對手戰前布署

交戰之前,雙方從調集有形物質、激勵作戰士氣、拉攏外交聯盟、組建與布署作戰團隊……等一連串的籌備行動,不外乎要創造有利的交戰行為,提高作戰勝算。但假如你能在戰前破壞對手戰前布署,打亂戰前籌備步調,令其自亂陣腳,創造恐懼氛圍,打擊決心士

氣，將使競爭者無法有效進攻，或喪失攻擊能力。

　　春秋時期，秦國派兵偷襲鄭國，半途正好被鄭國在外經商的商人弦高發現。弦高研判回去通知鄭國國君加強防備也來不及了，反而假託受鄭國國君的命令，用十二頭牛犒勞秦軍。秦國將領嚇了一跳，心想：「我們是來偷襲別人的，偷襲最重要就是要隱密。但如今鄭國已經知道了，防備一定很堅固，進兵強取一定不會取勝。」於是就調轉軍隊返回秦國。弦高的謀略，就是典型的破壞對手戰前布署。

戰鬥時檯面下謀略交手（D 區域）

　　白起，戰國四大名將之首，長平大戰後被稱為戰神。但韓信卻不這麼認為！韓信說白起動用了秦國 65 萬士卒對決趙國 45 萬人，縱使最後坑殺了 40 萬趙卒，但秦軍自己也折損了近 30 萬人，殺敵一萬自損八千，哪裡稱得上是戰神呢？韓信在井徑一戰，只以 2 萬人破趙軍 20 萬人，憑什麼？憑著韓信在決戰前所規劃的種種配套招式。比如以背水一戰激勵士氣，並派小股騎兵闖入趙軍城內遍插漢軍軍旗，令趙軍無心戀戰全軍敗退。韓信以少勝多，憑著就是「檯面下謀略交手」（D1、D2、D3、D4）。

兵以詐立，以謀取勝

　　所以我們學習動態競爭的敵我攻防必須建立一個概念：市場實戰並不存在獨立的一招致勝。你檯面上出擊的這一招，背後必然結合檯面下許多配套招式組成（D1、D2、D3、D4），目的在於操縱對手、

迷惑對手，使對手產生錯誤判斷，做出錯誤決策，最後讓對手變弱、變呆、變成好打，然後我才會真正打出「檯面上應對招式」（B1、B2）。

前面提過《孫子兵法・始計篇》的「怒而撓之，卑而驕之，佚而勞之，親而離之」。競爭者心思沉穩，這一戰我並不好打，那怎麼辦？先挑釁他，使其暴躁易怒，然後再來決戰。競爭者謙卑理智，我就在決戰之前設法使他犯大頭病。競爭者體力充沛，沒關係，我設法不定時、不定點騷擾他，讓他疲於奔命。對手團隊親誠合作，我想辦法離間，讓他們相互猜忌，我再來和他打。孫子所提的「撓之、驕之、勞之、離之」，就是我所說的「檯面下的謀略交手」。

在實戰操作中，法律訴訟是容易讓對手疲於奔命的手法之一，西方企業對中國企業特別喜歡這種手法。他先跟你談判，談不成就告你；告不成就繼續談，談沒多久又告你。用談判加訴訟的招式，讓你在談判桌與法庭之間疲於奔命，就算你最後打贏了官司，也失去了市場先機。另外，價格戰則是容易激怒對手的手段。當你穩紮穩打經營市場，對手突然莫名其妙地不理性降價，搞亂你原本理性布局的市場計畫，還常因此將你拉進你原本不該參與的市場戰爭中。

檯面下謀略交手的原則

檯面下招式是為了支援檯面上招式而存在，目的是為了抑制和剝奪對手檯面上的優勢，進而提高成功機會。軍事作戰有一個不變的原則，「出奇不意」與「攻其無備」，讓對手在無防備的情況下接招，

令其驚慌失措、反應不及，是最能夠以最小代價達到瓦解對手的有效應對招式。所以在操作檯面下招式時，必須確實掌握「隱真」與「示假」兩大原則，才能有效克敵致勝。

■隱真

用祕密行動把對手蒙在鼓裡，察覺不出你的作戰方向、作戰計畫，進而消除或減少對手回擊的威脅。有一家日本樂器公司贊助許多小學進行兒童性向測評活動，活動絕口不提銷售樂器的事情。但活動結束後，樂器公司掌握了適合學習樂器學生的性向報告與家長聯絡方式。這隱藏真正動機的檯面下活動，為後續與競爭者檯面上的對決產生了莫大助益。孫子兵法說：「形兵之極，至於無形；無形，則深間不能窺，智者不能謀。」意思是說，檯面下的作戰行動最好能偽裝到不顯任何形跡，讓間諜也窺察不出我的底細，讓最聰明的智者也想不出對付我的方法。

■示假

透過誤導性或模糊性的行動訊號，讓競爭者做出錯誤的判斷與選擇。例如，你可以攻擊一個對你而言不是很重要，但對競爭者卻是很重要的「A市場」，引誘對手將資源投注在這個市場，而忽略掉你真正要攻擊的「B市場」。孫子兵法提到「能而示之不能，用而示之不用，近而示之遠，遠而示之近」，就是利用示假，調動競爭者將資源轉向，降低其決戰市場的防衛能力。

六、建立點、線、面之系統性攻防思路

　　過去企業採用的 SWOT 是一種直線、點狀發想的規劃手法。例如，我們先盤點出企業強處與弱處、機會與威脅。假設各找出三項，接下來就「強處一」對「機會一」、「強處一」對「機會二」，逐項分析每個交叉點。哪一個交叉點可以讓「S 強處」追逐「O 機會」？哪一個交叉點可以讓「S 強處」轉化「T 威脅」？並由此衍生出相對應的應戰方案。假如「強處一：我公司員工英語能力很強」，正好可追逐「機會一：美國市場成長快速」，那麼就很容易得出作戰方案：「積極開拓美國市場」。

	強處			弱處		
	強處一	強處二	強處三	弱處一	弱處二	弱處三
機會　機會一　機會二　機會三	**1** 追逐機會	**2**		調整應變	**4**	
威脅　威脅一　威脅二　威脅三	**3** 轉化威脅				**5** 迴避危機	

這種方式分析出來的五點（如上圖 1.2.3.4.5 交叉點），彼此是獨立，且無法相互支援，產生綜效的作戰計畫。試問，這五點哪一個方案是主攻？哪一個是輔攻？誰先誰後？哪一招是實招？哪一招是虛招？這稱不上是作戰計畫，充其量只是拼湊出來的作戰草稿。

全面性的整合攻防方案則是非線性、組合式的思維突破。我不認為能有一個公式、定律與模型，可以精準計算出理想的作戰計畫。特別是面對著敵我多回合、不規則出招的情況下，我寧可透過「點、線、面分析」逐步發想。先做「點分析」，爭取對自己最有利的作戰步調。想打不想打，打快或打慢，我們心中自有盤算，不被對手牽著鼻子團團轉，而失去戰局的主動權。然後透過「線分析」，依據「不確定性」高低程度，分別規劃相對應的「拒敵、動敵、察敵」三種

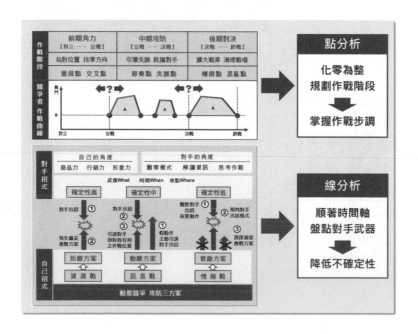

應戰方案。最後經由「面分析」，發想能夠支持「拒敵、動敵、察敵」順利成功的整組配套方案。

我在輔導企業進行市場作戰計畫時，常聽主管做計畫簡報。我發覺，要他們想出有創意的打法並不難，但要他們解釋清楚為什麼要這麼打，出這一招的意義與目的為何？這些招式彼此有什麼關聯？往往就說不清楚了。點、線、面整合攻防正好能協助企業解決這個問題。如左圖，從垂直角度來看，「面分析」所得出的作戰方案（A類、B類、C類、D類方案），都是由大格局的時間點切割，推衍到預估對手出招模式，最後而產生的嚴謹應對計畫。從水平角度來看，「面分析」所得出的作戰方案彼此具有分工關聯，以及實際操作時的先後順序。招式 C 先出，先籌措完成交戰前的準備工作。B1 是對付對手 A1，B2 是對付 A3；D1 及 D2 是為了支持 B1 順利完成的檯面下行動。

互動練習：定攻防

OPPO 手機自創立以來，一直在技術快速更替中苦苦追隨大品牌。無論就市場占有率或品牌形象力，都比不上華為、小米，更不用和蘋果與三星較量。然而在 2016 年第一季，全球手機銷售大衰退時，OPPO 卻能逆勢增長 153%，並首度超越小米。OPPO 是如何做到的呢？

掃描看
詳解影片

第 8 章

動態競爭，手法或心法

這一章要闡述「敵我對抗決策矩陣」的最後部分——心智對抗，簡稱「心法」。

你學會了勤摸索、慎跳躍、辨虛實、定攻防四招拿去打仗可能還是會輸。為什麼？因為戰場作戰，拚的是敵我心智對抗，你懂的招式，對方也可能懂。這時候要取勝，不完全在比招式是否懂得深入，而是比誰能將這些招式運用得比競爭對手更靈活，這就是「心法」。亦即當你我都懂孫子兵法之後，在戰場上打起來，誰贏誰輸就很難說。因為在孫子兵法運用之上，一定還有一個更重要的「孫子心法」，有待我們去鑽研。

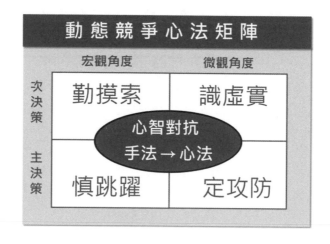

心法，兵家之殊勝，不可先傳

想成為真正的戰將，一定要搞懂如何將「手法」轉化為「心法」。手法可用文字寫出來，有條理，有系統，很容易教會。但心法卻是無形無色無象，很難被教得出來。我猜孫子在寫兵法時，心裡一

定也有這個感受——心法不好教啊！孫子在〈始計篇〉說過：「兵者詭道也，故能而示之不能，用而示之不用，近而示之遠，遠而示之近。利而誘之，亂而取之，實而備之，強而避之，怒而撓之，卑而驕之，佚而勞之，親而離之。」總共十二招手法，也被稱為「兵法十二詭道」。

如何才能做好這「十二詭道」呢？孫子接著說要「出其不意，攻其無備」。要對競爭者施以十二詭道，必須出乎他意料之外，在他毫無戒備時發動攻擊，這才是心法！問題是，孫子接下來又說了一句讓我跌破眼鏡，他說：「此兵家之勝，不可先傳也。」意思是說，心法是軍事對抗最殊勝的關鍵，他沒有辦法事先傳授給你。當年我讀到這一句話之後就把書本闔起來，不太想再讀下去了。的確是有點氣孫子，講老半天，最後跟我說教不來，那我還需要繼續讀下去嗎？

不過，孫子講的也沒有錯，心法的確是整個兵法運用最關鍵之處。講動態競爭戰略也是，若不講清楚心法，前面四招可能都白學了。所以我還是花些時間說明一下我對心法的看法，期待大家相互交流，一起學習成長。

一、「學兵法」或「用兵法」

三國時代，曹操南征張繡，張繡受困於穰城，天天被圍攻、被挨打。此時，袁紹趁曹操攻打張繡時，出兵偷襲曹操後方大本營許昌。曹操一看麻煩大了，這裡久攻不下，後方許昌又丟了，划不來，所以

就連夜撤退。張繡被圍攻十多天，心情極為不爽，為了報仇，就準備帶兵追擊曹操。

但張繡的軍師賈詡說：「將軍不可，千萬不要去追，你去追必敗！」張繡不聽，被圍攻了十多天，此仇不報更待何時。不幸果然被軍師料中，張繡中了曹操的埋伏，大敗而回。張繡回來後，軍師賈詡笑笑地對他說：「將軍，我不是跟你說過不要追了嗎！你去追一定敗，你就是不聽。」張繡很生氣大罵：「你這算什麼軍師，身為軍師，不要整天只出一張嘴，只會教我什麼事不能做。你要真有本事，就應該告訴我怎麼做才能成功啊。」

賈詡很生氣地說：「將軍，你真的想知道怎麼做才會成功嗎？好！那你現在就立刻帶兵，再追一次。」張繡不知道賈詡搞什麼，但在他強逼下，就勉為其難再去追曹操了。沒想到第二次去追竟然大獲全勝，把曹操撤退部隊狠狠咬了一口。

回來後，張繡跑去問軍師賈詡：「為什麼同樣是追，我第一次追失敗，第二次追卻成功？」賈詡冷冷地說：「關鍵原因是你比較笨！你智慧不如曹操。曹操比你精明，他知道像你這麼笨的人一定會來追他，所以他在半路設下埋伏。不怕你追，就怕你不來。結果你果然是笨！追過去了，當然就中埋伏了。」張繡說：「好吧！算我笨！那為什麼同樣是追，我第二次會成功。」賈詡說：「因為曹操知道你笨，但他沒有想到你會笨得那麼離譜。被打敗了，竟然還會笨得再追一次，所以第二次他沒設埋伏，才會被你這種超級笨的人給打敗。」

故事聽起來很好笑，背後的道理卻很深刻。《孫子兵法・軍爭篇》

說：「餌兵勿食，歸師勿遏。」不要去咬敵人引誘我的部隊，不要去攔阻急著想撤退的部隊。同樣的手法歸師勿遏，為什麼張繡第一次用失敗，第二次用卻成功？我認為差別在於前者是「學兵法」，後者是「用兵法」。「學兵法」是你懂得原理，懂得方法，就可以了。但「用兵法」是實戰，實戰一定有競爭對手存在；有競爭者，一定會涉及敵我雙方鬥智鬥謀的心智對抗。所以，動態競爭，成敗關鍵不完全在手法面，而在於你懂不懂對手的心。重點不在於如何「學兵法」，而在於「用兵法」。

心法運用三層次

想學動態競爭實戰，不去深思人心互動，不去洞悉競爭者操作手法的背後思維邏輯，一切作戰規劃都將是枉然。這本書我一開始就提出疑問，為什麼讀了書、聽了課，還是沒有辦法在市場實戰裡創造績效。不要怪書本知識理論沒有用，而是你只學到了手法，沒有悟出心法。是你沒有體會到市場作戰不是只有你一個人在玩手法，而是有一群對手跟你一起玩。所以我把這一章放在四招後面，是希望大家學完勤摸索、慎跳躍、識虛實、定攻防之後，能進一步想到我懂，別人也懂，我怎麼玩得比對手更靈活。這個靈巧玩轉手法的心思就是動態競爭的心法面，這絕對是學習動態競爭戰略最關鍵的必修課題。

然而手法重技術，心法重思維；手法有套路可循，心法無 SOP 可套。兩者性質截然不同，一個是水，一個是油，再怎麼攪拌也溶不在一起。所以要把心法融合到手法裡確實很困難，但沒關係，我不強

求融合，但我知道，只要油加入水中的比例增多，水將會變質。所以我按照心法的加重比例，把手法所產生的質變劃分為三個層次：

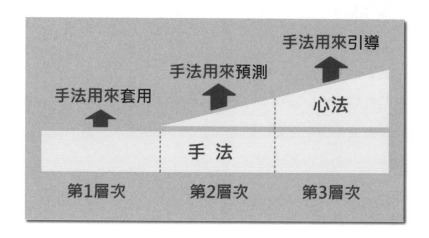

第 1 層次：只有手法──手法是用來套用

最單純的情況是只有手法沒有心法，公式定律是拿來套用找答案。例如學會 SWOT 分析之後，我就知道何謂 S（強處）、W（弱處）、O（機會）、T（威脅），知道要拿 S（強處）來追逐 O（機會）。學會手法是拿來套用，是用來幫自己找到答案的。

第 2 層次：除了手法，加入心法──手法是用來預測

但若加入心法，你想得到，對手也想得到，你最好要猜測對手學會 SWOT 分析之後，他會套出什麼樣的策略方案，而你正好可以提前埋伏在他必經之路，準備伏擊。所以手法不是單純拿來套答案，而是用來預測對手的動向。

第3層次：除了手法，加入更多心法──手法用來引導

　　你能預測對手動向已經算是很厲害了，但還是有問題。若預測的對手方向並不利於你作戰，這個位置你到達不了，或是不易隱匿埋伏，那該怎麼辦呢？沒關係，可以化被動為主動，設法引導對手套用公式定律時，不知不覺地朝向我想要他去的方向。亦即，對手的策略方案不是他想出來的，而是被我引導，並朝向對我較有利的方向發展出來的。

二、讓心法智慧融入手法運用

　　兵法原則是死的，運用兵法的人，腦子怎麼想是活的。要想將心法融入手法，企業必須從第一層次的單純手法，提升到第二、三層次。你不再是套公式的決策思維，而能進化到用工具手法預測對手、引導對手。

第2層次：手法用來預測競爭者

　　手法在戰將手中，不是用來套，而是用來玩對手的工具！

　　隆美爾將軍是二戰時德國名將。一戰結束後，他在德國山地步兵學校當教官，並寫了一本《步兵攻擊》專書，出版於1937年，主要在說明山地進攻如何配置火力、選擇路線與滲透攻擊。由於內容精闢實用，連希特勒都對這本書給予極高的評價與肯定，並要求德國軍官都必須深入學習。1943年美國曾出版過這本書，並用一個簡潔明快

的書名《攻擊！》，做為陸軍戰術教學之用。

後來在二戰戰場上，美國巴頓將軍遇到了德軍部隊，他料敵如神，完全猜透德軍的布署與行進方向，打了一場漂亮的阻擊戰。巴頓為什麼那麼厲害？在電影《巴頓將軍》裡是這麼描述：片中巴頓對戰的德軍指揮官不是隆美爾，而是他教導過的軍官。巴頓拿著望遠鏡看著遠方的德軍部隊，講了一句話：「隆美爾，你這偉大的混蛋，我讀過你的書！」因為巴頓讀過隆美爾的書，所以知道德國軍官分析問題的思路，作戰規劃的條理，也猜得到德軍部隊下一步、甚或下下一步會怎麼移動、會走那一條路線，當然能夠在正確位置阻擊德軍。再加上德國軍人嚴謹刻板，一絲不苟。其循規蹈矩的作事風格正好被巴頓逮得正著，巴頓不打贏才怪。

回到手法與心法問題。隆美爾的《步兵攻擊》所講的內容，就是手法。大部分的人學習手法是拿來依循、分析、找答案。但是巴頓將軍不是，他是拿來預測競爭對手的決策方向與行為模式，並依此讓自己立於有利於競爭的位置。同樣一本書，一般人讀到公式定律是照著做；但是戰將讀到後，是拿來預測對手會怎麼做。這就是戰將和凡人不一樣的地方。其實不只是 SWOT 分析，行銷、策略許多方法與工具，例如：五力分析、賽局理論……，都應該用這個角度來處理，你才能活讀書，而不至於成為書呆子。

將直線型思維調整為階梯型思維

想要從套用知識進化到能用來預測競爭者，最好將原有的「直線

型思維」調整為「階梯型思維」。直線型思維就是依循公式的步驟，一步步推導出作戰計畫。例如做 SWOT 分析，盤點 S（強處）、W（弱處）、O（機會）、T（威脅）之後開始進行交叉組合，拿 S（強處）來追逐 O（機會），拿 W（弱處）來迴避 T（威脅）。

這種模式最大的瓶頸就是你懂，競爭者也懂，你們寫的作戰計劃書內容往往非常相似，投入市場撞到一起的機率非常高。當然，我們學了工具手法照著套用，的確能幫助我們快速掌握問題脈絡。這對於不懂工具手法的競爭者而言，我們的優勢就是快，就是能掌握解決問題架構，比搞不清楚狀況的競爭者更有方向感地整合資源，執行作戰計畫。但是當你和精明的競爭者都懂這個方法時，工具手法很有可能反而害了你。

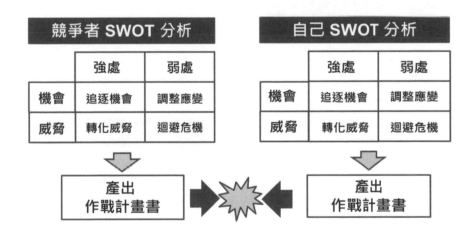

因此，你若真想具有動態競爭意識，你真想學會「心法」，下次拿到 SWOT 這項工具手法時，先不要急著套用、分析，麻煩你先問

自己以下四道問題：

問題 1：我懂 SWOT 分析，競爭者懂不懂？

問題 2：競爭者懂 SWOT 分析，他會不會使用？

問題 3：競爭者會使用 SWOT 分析，會做出什麼結果？

問題 4：我怎麼把競爭者做出來的結果，納入我的 SWOT 分析？來玩他！

這樣問的目的是利用工具手法預測競爭者的作為，把對手的決策行為納入自己的決策，這就是階梯式思維。階梯式思維可以改變企業作戰邏輯，把手法拿來套答案，轉變為拿來用、拿來玩，學手法的目的不是用來找標準答案，而是用來作戰，用來宰制對手。

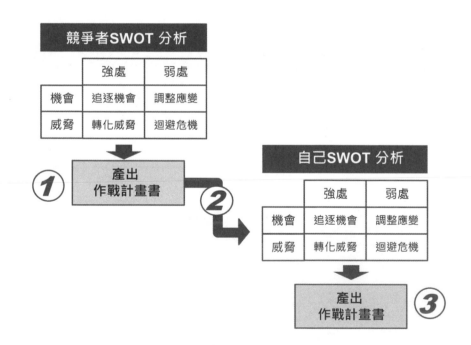

例如左圖，戰爭一開始，先不要急著做 SWOT 分析。先就你對競爭對手個性、所能獲得資訊以及其對 SWOT 分析的理解程度，試著揣摩他將會做出什麼樣的 SWOT 分析結果（如左圖 1）。倘若揣摩後得知，他可能會用「外型設計美觀」為武器，攻擊我「高端市場」。接下來，你按照預測導入到自己的 SWOT 分析（如左圖 2）。倘若市場可區分為高、中、低三個小市場，你在做外部機會與威脅分析時，多花些心思針對競爭者會攻擊的高端市場布局。若產品功能、售後服務及外型設計美觀都可以做為武器，你進行強處與弱處分析時，也可將大部分精力著重於對手最可能出招的「外型設計美觀」進行強弱處比對，同時尋找出可剋制競爭者的作戰計畫。

第 3 層次：手法用來引導競爭者

資訊是魚餌，手法是魚竿，我是釣客。

戰場上我不應埋頭苦幹只求自己做好 SWOT 分析，更應該去揣測對手如何做 SWOT 分析，會使出哪一招。我若能做到這地步已經算是不錯的戰將了，但還是有問題。因為倘若你揣測出對手的招式後，發現這一招是絕招、必殺招，你不就死路一條了嗎？我們能不能化被動為主動，讓我們不是被動接招，而能主動牽制、約束對手只能出那些招式，而對手的招式再怎麼出都對你有利呢？基本上也不難，只是要改變一下運用手法的心態。

化被動為主動，掌握戰局變化

我曾經和一位對孫子兵法很有研究的好朋友聊天，他說，他多年研究總結孫子兵法最關鍵的核心就是「知己知彼」。我開玩笑地頂嘴：「不是！知己知彼不是關鍵，真正關鍵應該是『敵人知不知道你已經知己知彼了』！」

「知己知彼」不過是打戰的基本功，就像是我們做 SWOT 分析，就是在「知己知彼」。但如果敵人知道，你正在對他進行「知己知彼」的行動，我想他應該會調整自己的作戰部署，改變他的部隊陣型與資源配置，那麼你剛做完的分析就會變成過去式，不就白忙一場了？亦即操作任何工具手法都必須要有競爭意識，對手不會呆呆地站在原地讓你來打。

然而進化到「敵人知不知道你已經知己知彼了」已經算是不錯了，但還不夠關鍵！要更進一步做到「你想不想讓敵人知道，你已經知己知彼了！」這不是繞口令，我慢慢解釋其中的差異。

• 「敵人知道你已經知己知彼了」，所以他會調整策略。
• 「你想讓敵人知道，你已經知己知彼了！」是你引誘敵人調整策略方向。

換言之，為了讓敵人朝向對你最有利的方向發展，你必須放出足夠的訊息，讓對手看見你的動向，而且讓對手覺得，這些情報與資訊是不小心被他刺探到，可靠、可被信任，這就是我們所說的市場訊息戰。你把精心設計好的資訊傳遞給對手，目的在誘導對手分析、解讀這些資訊，進而調整策略，朝向對你有利的路線發展。這樣做的目的

是要主宰對手戰略方向，爭取戰場主動權。

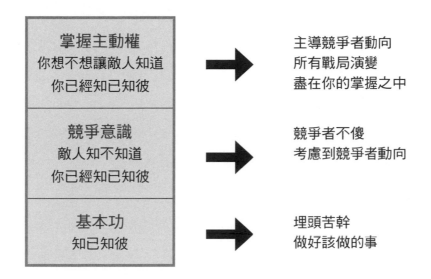

人皆知我所勝之形，而莫知我所以制勝之形

　　SWOT 分析是手法，手法誰都懂沒什麼了不起。當對手用心運用 SWOT 分析時，我反而應該在高處盯著他所作的每一步驟，並引導他做分析。雖然我與他互為競爭者，但是我期待他的 SWOT 分析每一步流程都做得好、做得正確。因為，他在乎流程，我不在乎。我在乎的是他用我提供給他的情報套入 SWOT 分析，最後得出我想要，而且對我最有利的結果。

　　他很高興，因為他做對了 SWOT 分析的每一步驟；我也很高興，因為他完全在我掌握之中。但最後我贏了，他輸了。我贏得清清楚楚，他輸得糊里糊塗。或許他輸了之後，還會寫一篇題目為 SWOT 分析不適用於市場實戰之實證論文，並被廣泛流傳，引為 case study

的經典個案。直到他死了，還是始終搞不清楚他真正輸的原因，竟然正確使用 SWOT 分析，但卻被人家牽著鼻子團團轉。

《孫子兵法》說：「人皆知我所勝之形，而莫知吾所以制勝之形。」意指，人們都知道我用哪些招式取勝，卻不知道我是怎樣用這些招式取勝。同樣的道理，人家都知道我使用 SWOT 分析打贏這場戰，卻不知道真正贏的關鍵不是我很會分析，而是我很會引導對手做分析。他可能到死都搞不清楚，他學得愈多愈精，離陣亡的距離愈近。同樣是學「SWOT 分析」，他是在地上爬，我是在天上看著他爬。他是人，我是神，人與神鬥哪有什麼勝算機率呢？所以，要不要學知識理論，當然要，但重點是學完了之後該怎麼用！動態競爭的心法，就是這麼奇妙。

爾後，看到任何涉及敵我心智對抗的管理理論，諸如藍海策略、長尾理論、顛覆性創新……等實戰手法，縱使講得很炫、很迷人，而且已經有很多成功案例，這時候千萬要先克制住「有為者亦若是」，急著想要「拿來用一用」的念頭。

「仰取之於人，而俯變之於己。人以之死，而我以之生。人以之敗，而我以之勝。」這一段是《何博士備論》評論霍去病戰場特質的描敘。戰將與凡人的差異就在「俯變之於己」。同樣一個手法，別人是拿來套用，我是拿來預測、引導對手；別人用起來僵硬，我用卻充滿生機；別人用的結果是失敗，我用了卻獲得勝利。兵法是靈活的，手法是變化的。我們從古人手上吸取了兵法經驗，必須要會轉變活用。懂手法很重要，但更重要的是用手法的人懂不懂得其中「心法」

之奧妙。

三、操縱心念，改變競爭局勢

　　戰場上雙方廝殺，刀光血影，各種奇招怪招全都出籠，令人眼花撩亂。但招式是結果，起源在人心。究其根本，是廝殺雙方的心理與情緒起伏決定了所出招式的效應。當你心慌意亂，往往會胡亂出招，頻頻亂打；當你義憤填膺，往往會拳拳有力，招招致命。心念特性決定了出招的形式與效應。學動態競爭，你不去深入洞察敵我人心變化，卻只求多學一些招式手法，一上戰場往往畫虎不成反類犬。所以這一段我要說明的課題是內在心念。我們一起來研究除了洞悉對手心思，更要能操縱對手心念，為市場競爭創造致勝的有利態勢。

「有形招式」與「無形氣勢」

　　《孫子兵法》說：「三軍可奪氣，將軍可奪心。」戰場上有人看到對手武器配置、陣形布署，就開始著手應敵方案。但有些人更能看到對方的無形氣勢，並從奪其心、滅其氣著手發展作戰計畫。

　　春秋時代的長勺之戰就是利用氣勢以弱敵強的經典案例。齊魯交戰，齊國 30 萬對魯國 3 萬，兵力整整相差 10 倍，最後魯國卻能以弱敵強贏得這場戰爭。當時兩軍擺開陣型，魯莊公傳令播鼓，卻被曹劌制止。齊軍一鼓，魯莊公要戰，曹劌又制止，並嚴令擅自出戰者斬！魯軍按兵不動，堅守防線。齊軍衝不破魯軍陣線，退回去，重整旗

鼓。齊軍二鼓，魯軍還是不戰。等齊軍擊三通鼓後，魯軍才擊鼓衝鋒決戰，並大勝齊軍。

戰後檢討時，魯莊公問曹劌這次戰役取得勝利的原因。曹劌說：「用兵打仗最重要的是士氣。第一次擊鼓，齊軍士氣旺盛；第二次擊鼓，齊軍士氣就衰退了；等到第三次擊鼓，士氣就耗盡了。齊軍擂鼓三通，而我們按兵不動，他們的士氣已經耗盡，而我軍卻鬥志昂揚，這時候反擊自然能夠一舉破敵。」

我接觸管理學快三十年了，讀過的戰略規劃、行銷管理的理論模型、決策手法雖不多，但安索夫的戰略規劃、麥可‧波特的競爭戰略、菲利普‧科特勒的行銷管理……等，大都有所涉獵。然而我發現有太多書本在講授方法、教導招式，卻不常見操縱這些方法招式的背後心理因素。這就像是中西醫學的差異，西方醫學教我們要觀察人體器官組織健康與否，但中醫則教導要關注把脈時所呈現的脈象，調理在身體各器官運行的氣。我們可以把具象的器官組織比喻為方法招式，把看不見的氣比喻為心理士氣。氣看不到，但卻能夠對身體健康起到關鍵作用。

盯緊競爭者心念的起伏與跳動

我常在上課時對學員強調，我們學到很多戰略模型、行銷招式，實際拿到商場上運用時，眼前看到的往往是行動面：作戰招式（如右圖，第7章提到的攻防曲線圖）。但真要靈活應戰，必須要能夠盯緊競爭者「行動面」底下看不見的「心理面」。縱使我客觀的戰爭資

源、武器兵力不如你。但若能操縱競爭者的心理起伏，進而影響競爭者「行動面」的作戰績效，我就有機會以弱敵強，創造逆轉勝。

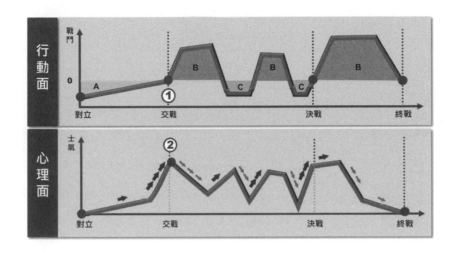

　　第 7 章所講的攻防圖，可從行動面區分為「檯面上」與「檯面下」兩種作戰行為。當你在準備交戰起始點時（1 號位置），應該儘量將我方心理士氣往上調到最高點（2 號位置）。所以大凡部隊作戰前，無論如何都必須舉行誓師大會，建立同仇敵愾的士氣。相對的，在同一時間點（1 號位置），我方也務必設法將對方心理士氣打壓到最低點。比如楚漢相爭，項羽受困於垓下，決戰前夕張良獻四面楚歌之計讓楚軍思鄉心切。最後楚軍士氣大跌，第二天無心應戰。

透過治心、治氣操作敵我心念士氣

　　但如何操縱對手的心理面的起伏變化，以利於我作戰呢？

　　孫子兵法裡提到四種方法：治氣、治心、治力、治變。其中

治氣、治心都與操作競爭者心理狀況有關。當你在行動面的「位置1」，競爭者正處於發動交戰啟始點，此時競爭者心理面處於士氣最高昂的「位置2」。這時候你不要急著打，先設法洩對手的士氣。怎麼做呢？《孫子兵法·軍爭篇》說：「朝氣銳，晝氣惰，暮氣歸。善用兵者，避其銳氣，擊其惰歸，此治氣者也。」

唐太宗李世民很會在作戰中觀察、利用對手心理起伏而求勝。當年李世民帶了三萬人討伐王世充，王世充向竇建德求援，竇建德帶了十萬大軍來救。李世民為了搶占兵家必爭之地虎牢關，只帶3500人，提前攻下虎牢關，搶占有利地形等敵軍來。隔日早上，竇建德出兵到虎牢關下求戰。李世民見敵兵人數眾多，且求戰士氣高昂，所以決定無論敵兵如何叫罵，就是不出戰。竇建德部隊在關下列陣整整一上午，甚為無趣，隊形逐漸混亂。中午竇建德部隊又來到關下叫戰，李世民登城看了看，還是不出戰，就讓敵軍在下午的烈日下繼續曬太陽。等到敵兵被曬昏頭，或坐、或臥，兵器散落一地，李世民還是不戰。最後快到傍晚了，敵兵眼看白等了一天，準備回家休息明日再來戰時，李世民即刻打開城門，全軍出擊，追殺正準備回家的敵兵，並獲得大勝。這就是治氣。你設法用種種行動影響對手軍心士氣，以塑造對你最有利的交戰態勢。

同樣的，你也可以透過心理激發，讓自己部隊的士氣大振，進而創造有利於自己交戰的心理情勢。秦朝末年，秦軍攻趙，趙王逃到楚地，並向楚國求援。楚王派了項羽率領二十萬軍隊去營救趙王。當項羽率領的主力全部過了漳河之後，項羽下令所有士兵把過河的渡船

都砸毀沉入河底，還命令打破軍隊裡所有煮飯做菜的鍋，所有士兵每人只帶夠吃三日的乾糧。項羽以具體的行動，宣誓絕不走回頭路的決心，務必在三日內爭取勝利。這份決心也調動起士兵的士氣。這也是「破釜沉舟」成語的由來。

心法是撬動逆轉勝的支點

孫子兵法有十三篇，我個人認為最關鍵的一篇是第七篇軍爭篇。軍爭就是軍事互爭，孫子兵法十一家注解裡，各家學派大多表明這一篇最難懂、最難學。曹操注解說：「從始受命，至於交合，軍爭難也。」而軍爭為何難呢？張預注解：「與人相對而爭利，天下之至難也。」意思是說與人爭利，兩人相對抗，你有武器我也有武器，你懂兵法我也懂兵法，那我憑什麼打贏你呢？這就是軍爭所難之處。

戰爭學裡提到戰爭三元素：人、武器與後勤。打戰當然是打後勤，大軍未動糧草先行，物資、彈藥、補給決定勝負。但打戰豈止是打後勤而已，尉繚子提到：「氣實則鬥，氣奪則走。」真正的決戰更是打無形的心理戰，打軍心士氣，打戰鬥意志。士氣高，意志昂就打，若氣不見了，就趕快跑吧。所以未來戰爭元素不應該只有人、武器、後勤，而應該多一項「心念」。

張預也在《十一家注孫子》裡說：「氣者，戰之所恃也。夫含生稟血，鼓作鬥爭，雖死不省者，氣使然也。故用兵之法，若激其士卒，令上下同怒，則其鋒不可當。」士氣是戰鬥勝利的背後支持，讓軍隊敢拚、敢殺不怕死。所以用兵務必要激勵士兵同仇敵愾，一打起

戰來，整支部隊就像是刀子一般銳不可擋。

　　所以我們學市場競爭作戰，不要只學會跟人比資源多寡、比兵力良窳。你要真是戰將，想要以少勝多，以弱敵強，就必須學會以有限資源，打逆轉勝的硬戰、苦戰。不要用火車對撞的硬碰硬，而是像太極、柔道般四兩撥千斤，以柔剋剛，以有限資源施巧勁，創造出逆轉勝的打法。此時，心法則是讓你撬動逆轉勝契機的支點。

四、精進動態競爭致勝心法

　　這一章講了將心法融入手法，也講到用心法撬動競爭優勢的逆轉。然而這些觀念在落地運用時，還必須解決一個重大瓶頸：你很聰明學會了心法，但是對手就笨嗎？競爭對抗過程中最忌諱兩件事

- 你把對手當笨蛋，但其實他不笨。對手冷不防地出招，你會死得不明不白。
- 對手真的是笨蛋，你卻誤以為他很聰明，還一廂情願假想他能識破你所有招式。結果明明很好修理的對手，卻因為你想太多，這個也不敢做，那個也不敢做，這裡必須防，那裡必須守，最後笨蛋對手根本還沒出招，你就先把自己累垮了。

　　這兩個忌諱都是因為你誤判對手，而對自己造成傷害。戰場上，你必須先確認一件事情：你對競爭者內心思維的研判都只是假設，不能一廂情願地信以為真。他真的笨還是裝笨？他看似堅定的行動，真

的是有十足自信還是裝出來的？他表現出士氣消沉的外貌，是真的還是故意誘導你？你在研判過程務必要多方觀察，多方驗證，才不會聰明反被聰明誤。以下，提供三個驗證角度供參考：

驗證 1：注意與人相關的情報資訊

許多企業在進行市場作戰時，都會搜集大量的市場情報，例如相對市場占有、品牌知名度、顧客滿意度……等等資訊。但與我們競爭的是人，不是電腦機器，這些市場資訊要轉化成競爭決策，還需要經過競爭者團隊的消化與分析，才會形成最後的決策。所以我們除了掌握市場情報數據之外，更應瞭解競爭團隊人格特質與內心思維。

《孫子兵法・用間篇》說：「相守數年，以爭一日之勝，而愛爵祿百金，不知敵之情者，不仁之至也。」兩軍對抗多年，面臨到決勝負那一日，結果你還捨不得花錢用於搜集情報，導致無法掌握敵軍動向，這樣的將領簡直麻木不仁。孫子很少用這麼重的用詞，可以看出這個議題多麼嚴肅。

然而孫子兵法所提到的情報搜集，不只有兵力資源多寡的硬數據，更包括了調查競爭團隊與領導者的特質。「凡軍之所欲擊，城之所欲攻，人之所欲殺，必先知其守將、左右、謁者、門者、舍人之姓名，令吾間必索知之。」對於要攻擊的城池、將發動的戰爭，我必須先知道敵方領導者與團隊特質，他們的姓名、個性、能力高低、智謀多寡。

孫子也提到要妥善運用五種間諜搜集這些情報：鄉間、內間、

反間、死間、生間。所謂「鄉間」是利用敵國鄉里當地人做間諜；「內間」是利用敵國官員做間諜；「反間」收買敵國間諜為我用；「死間」故意泄露假情報讓敵間諜傳回敵國；「生間」派間諜赴敵國刺探敵情。這五種間諜方法都與人有關，都需要透過人來執行。但這是古時候，當時資訊傳播方式有限，只能透過人來執行。現代網路世界資訊發達，你想知道瞭解競爭團隊人格特質與內心思維並不難，去瀏覽一下他的臉書或 IG，大概就能掌握大半數。對方學過什麼手法，信奉哪些理論學派？他是台大商研所或是政大企研所畢業的？他的指導教授是誰？他是哪位大師的鐵粉？曾經發表過那些文章？曾經打贏、打輸過那幾場戰役？請多掌握這些情報，瞭解他的內心思維模式，不要一廂情願，自以為「應該是如此」而耽誤了大事。

驗證 2：系統比對利弊，摸透對方真心

當你與敵攻防拉鋸時，發現對手顯露疲態，頻頻失誤，請問該不該掌握機會，快速攻擊？此行為可能產生兩種截然不同的結果，一是趁虛而入，大獲全勝；另一是中敵埋伏，全軍覆沒。關鍵在於你觀察對手的「顯露疲態，頻頻失誤」是真訊息，敵方開始崩潰了；還是假訊息，引誘你中圈套呢？

我無法看透對手的內心，但可從外界訊息推敲對手的心思。當我們在戰場上觀察到對手釋放出來的訊息時，必須交叉各方資訊進行推理，從來龍去脈和相關背景中，驗證訊息背後的真正動機。《孫子兵法》說：「智者之慮，必雜以利害。雜於利而務可信也。」有智慧的

決策者，判斷事情都會考慮利與害的正反兩面。當我們判斷對手某項行動，從各方面全盤計算之後，的確是利大於弊，這個行動才具有可信度，不是虛偽。反之，如果對手行動呈現殺敵三千，自損一萬，明明得不償失，看不出真有這麼做的合理性，除非他是瘋子準備要和你同歸於盡，否則請務必小心，不要中了埋伏。

驗證 3：以換位思考洞悉對手心念

對手釋放出來的訊息有可能真，有可能假，所以必須交叉比對以免中計。其實，戰場上還有一種訊息不見得需要比對，可即時判定對手心念，猜測出他的動向。例如：好好觀察對方不經意透露出來的小動作或肢體語言。「察敵」這項技能，縱使讀過 MBA 也不見得會用，反而是常打擂台賽的師傅最精於此道。經驗老道的師傅大多知道致勝關鍵只有三項，站樁，練馬步與換位思考。第一項是基本功，像是我們在學校必須學好管理學。但剋敵致勝，則必須要能提前察覺對手出招。怎麼做呢？靠第二招身形和第三招換位思考。

何謂身形？對手要出招前，身體往往會出現一些小動作。我讀高中時跟著台北市國術會總教練學武術，對日抗戰時他從事敵後的情報工作，實戰經驗非常老練。他常常告誡我，對戰時一定要察言觀色，觀察對手小動作，以便研判他出招的形式與時間。例如，要判斷他會出左腿或右腿，不要瞎猜，就看他的腰。只要腰往左擺，就表示即將要出左腿。要判斷出左拳或右拳，當下看他的肩就對了。只要右肩往後抖，就表示會出右拳。

除了從「身形」來「察敵」之外，最好能再輔以「換位思考」。何謂「換位思考」？當你不知道對手想攻擊你哪個位置，你就瞄他的眼神。眼睛能投射出競爭者心思，能比身形更早反映出競爭者的作戰念頭。精明的擂台賽選手能夠從對手一飄而過的眼神，倒推得知對手的作戰計畫。

養成篇

第 9 章

戰將，先天或後天

上篇講的「思維轉型」與中篇講的「實戰模式」，兩者由內而外，相輔相承，從觀念到手法，組成一位戰將在動態競爭環境拚搏致勝的能力。現在我要講戰將養成之道，亦即如何培養戰將敢拚、敢打的市場致勝能力。上篇在講為何學習無用，重點在 WHY。中篇講實戰打法，重點在 WHAT；下篇的重點則在 HOW，如何培養。所以我建議不要將這一篇視為獨立的概念，而應該將上、中、下三篇連貫起來理解。

一、企業動態競爭能力組成

人才是企業最大的資產！許多企業對於培訓資源的投入毫不手軟。只要有好的課程，再貴都會派人去參加；只要有好的老師，再忙都會撥出時間去學習。但是企業如此用心投入培訓之前，必須先確認一件事情：戰將真的能夠透過培訓而養成嗎？

戰將能否經由培訓養成？

有人說可以，只要用心、肯學，一定有辦法學會實戰技能，成為戰將。但是俗話說，千軍易得，一將難求。倘若肯學就能成為戰將，那歷史上也不會出現「張良月下追韓信」和「劉備三顧茅廬訪孔明」，透過培訓養成不是更省力嗎？

也有人說不行，一頭牛從鄉下牽到城市還是一頭牛，不會變成人，也不會變成聰明的牛。所以說，戰將特質是天生的，縱使努力培

訓也只能學到皮毛，無法學到戰將的天才特質。倘若這個觀點是對的，那麼企業就不應該在培訓上太花心思，反而應該多花精神用於找人、挖人。

管理學者錢德勒（Chandler）曾提出「組織追隨戰略」（Structure follows strategy）的想法，亦即企業組織結構或人力資源應該配合戰略演變而調整。例如，戰略規劃後，企業決定要從代工製造業轉型為市場導向，並著手市場品牌經營。那麼企業的人才特質就必須從重視效率的生產線型態，轉型為能講外語、跑業務、走國際化路線的商務菁英型態。但如果這些商務人才很難透過培訓養成，也不容易挖角獲得，那我寧可倒過來操作。將「組織追隨戰略」倒轉變為「戰略追隨組織」。手中有什麼團隊就打什麼戰。底下人手盡是農民工，就別想一步到位，轉型打高科技戰。

所以戰將是先天還是後天？戰將能力能否透過培訓而具備？這些議題不完全只屬於人力資源領域。我們應該用更慎重的心態來探索，因為限制了戰略規劃的自由度。當我們大鳴大放，想出很多突破性戰略方案之前，也應該想一想執行團隊在哪裡？能夠及時培養得出來嗎？反之，若我們有把握及時培養出靈活應變的戰將，那麼我們也應該放大發展戰略的想像空間，用更顛覆性的創新，想出對手想不到的出奇作戰方案。

傳統戰略設計學派的觀點

傳統戰略設計學派認為，戰略可以經由一套清楚的程序、架構與

操作流程，諸如 SWOT 分析、PEST……等，而推導出方向。每個過程都需要深思熟慮，每個環節都經過嚴謹理性的研判。所以傳統學派認為戰略是一門很專業的學問，必需由專業訓練的管理菁英來制定，然後再交給執行團隊落實。這也導致傳統學派堅信，戰略的計畫與執行必須分割。高層領導負責規劃戰略，他必須具備計畫分析能力；中基層負責執行，他必須具備執行落實能力。因此整個操作邏輯是由高階領導菁英進行分析，研擬出戰略，接下來交給下一層主管去展開落實方案。

　　為了確保執行團隊落實執行，設計學派也衍生出很多預算、控制及資訊回饋機制進行監督。例如：方針目標管理，乃至於後來出現的平衡計分卡，都是用於控管戰略落實執行的管理工具。

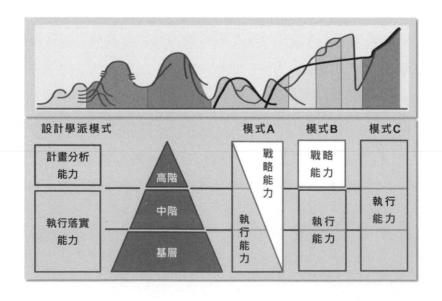

動態競爭戰略的觀點

動態環境下，市場環境會出現戰爭迷霧現象，戰略規劃不容易經由分析市場資訊，精準預測未來發展趨勢。因此，傳統學派經由高階菁英研擬戰略並交由中基層執行的模式並不可行。反而身處前線與市場最接近的中基層最容易獲得市場變動訊息，因此戰略規劃的責任也應由高層延伸到他們身上。他們都是作戰計畫的規劃者、設計者，而不是聽命辦事的執行者。也唯有如此，才能使組織在戰爭迷霧下能快速靈活應變。換言之，基層、中階、高階各層級都需要具備戰略規劃能力，只是戰略能力與執行能力的比例，隨著不同階層而不相同（如左圖模式 A）。

二、市場作戰能力養成的瓶頸

「層級愈高，愈需要戰略能力」的「模式 A」，是企業面對動態競爭環境下，組織能力分布的理想情況。但真實情況下，企業往往是從小變大，逐漸成長。在過程中，組織成長速度與各階層主管戰略能力養成速度不見得相同。有些人戰略能力成長速度快，但有些人從頭到尾都不成長，都還是執行力為主。最後企業能力組合型態往往會偏離理想的「模式 A」，而呈現僵化的型態。

僵化的組織能力模式

你有沒有發現組織運作出現卡卡的現象？例如：

- 你在開會時宣布未來戰略方向，底下的幹部卻聽不懂你在講什麼。
- 全公司坐困愁城，你身為領頭羊，也看不出未來發展方向。

　　若出現了這種現象，不用懷疑，大多數原因是組織能力結構偏離了理想的「模式 A」，而出現「模式 B」與「模式 C」的組織能力瓶頸。

模式 B：高層有戰略能力，中基層只會聽令辦事

　　高階領導人常參加論壇、拜訪客戶，或被派去讀 EMBA，他們常接觸許多外界市場情報資訊，所以具有較高的環境敏感度，知道如何配合環境變遷修正方向，相對而言，他們較具有戰略決策能力。但中基層主管由於少有接觸外界資訊的機會，相對會比較封閉，比較習慣配合高階領導，照著他們所指導的方向聽命令辦事，常常出現「不問為什麼，趕緊努力做」的現象！他們的視野比較侷限在公司內部執行作業，比較傾向只有「執行能力」而已。

　　愈是大型企業，這種現象愈明顯。企業層次多，分工細，領導所交辦的戰略方向，中基層只負責落實執行。許多在大力推動「目標方針管理」或「平衡計分卡」的企業，多半都會出現這種現象。處於「模式 B」的企業高階領導常會感慨：「為什麼我說的戰略方向、未來目標，底下的幹部常常聽不懂？」其實，聽不懂是合理啊，因為中階主管缺乏戰略能力，當然聽不懂你在講什麼啊。

　　然而在靜態環境下，「模式 B」不見得是壞事。因為這階段的經營重點是看清楚目標，跑得比競爭者快，這時中基層是否具備執行力

將變得非常重要。高階領導指出方向，中基層以更好更快的方式衝刺，市場作戰成功機率自然會提高。

模式 C：成長太快，公司上下沒人知道為什麼成功

「模式 C」突顯全公司上、中、下階層只會拚命衝衝衝，執行力超強，但都不具備戰略能力。一般這種情況大多發生在新興市場，市場還比較真空，競爭者不太多。基本上只要敢衝，企業就能快速成長。例如：電子商務時代的微商，或傳統的連鎖流通業。這些產業有一個共通特徵，就是只要掌握到市場成長趨勢或逮到某項成功關鍵，只要起步順利，之後就像是搭了順風車一般，不斷地往前衝。不一會兒就損益兩平，不一會兒就獲利，不一會兒就上市成功。成長速度之快，連高階領導者都還搞不清楚為什麼會成功。

這種企業最大的瓶頸與危險不是現在，而是未來。因為他們只會衝，只會跳，這在平穩的市場環境下非常合適。但不要忘了，競爭者會模仿，會追上來，追的速度往往快於你創新、突破的速度。這時候你除了衝之外還要一邊打；除了打之外，還需要一邊摸索方向與路線。摸索方向就是戰略，打的方法就是戰術，換言之，這時候企業若還是只有執行力，沒有培養出高、中、基層該具有的戰略、戰術能力，未來前途將會黯淡無光。

一般培訓模式能打造市場實戰團隊嗎？

想要打造一支能在動態競爭市場作戰致勝的實戰團隊，就必須

先思考，如何補齊組織中各階層所缺的「戰略能力」（如下圖 B1、C1），讓企業組織能力模式能夠恢復為「模式 A」。讓高、中、基層主管分別做好短、中、長期作戰計畫，企業戰略能靈活地相互修正、調整。

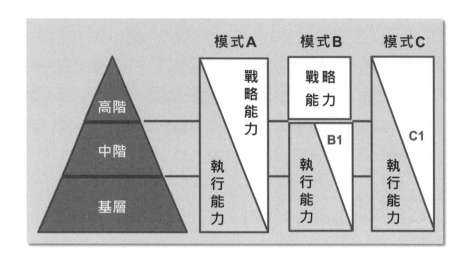

但問題來了，如何補齊上圖 B1、C1 部分的戰略能力呢？解決不了這個問題，想在動態競爭市場打造市場實戰團隊絕對是空話。在探討這個問題之前，我們要先釐清企業透過「工作中學習磨練」和「讀書聽課增長技能」來培養主管的效果如何呢？

方法 1：工作中學習磨練——加法思維不易轉換為減法決策

工作中學習就是讓主管在升遷過程中，透過工作磨練逐步轉換執行能力與戰略能力的比重，愈高階戰略能力愈加重。邏輯上這是合理

的，但實際操作上卻不切實際。因為執行能力與戰略能力的兩者本質相差甚鉅。

就內容特質而言，執行能力重視效率，把事情做好，Do the thing right。但戰略能力重視效果，要走對方向，要把事情做對，我們稱之為 Do the right thing。

就行為屬性而言，執行能力強調苦幹實幹，做得更快、更好，其方法往往是更用心、更拚命、花更多時間去改善、精進，這是「加法概念」。但戰略能力的重點在走對方向，面對環境的詭譎多變，以不變應萬變的操作路線一定不行。為了靈活應變，不能想要面面俱顧。市場很多但不要想全吃，挑一個你最適合的市場；路線很多但不可能條條都走，選一條你走得最順手的路線。這就是戰略思維裡很重要的取捨概念，其本質就是「減法概念」。

	戰略能力	執行能力
重視內容	重視效果	重視效率
行動特質	Do the right thing	Do the thing right
強調重點	強調靈活應變	強調苦幹實幹
行為屬實	減法概念	加法概念

當一位基層人員進入企業，苦幹實幹執行力很強，往往容易被賞識而逐步拔擢升遷。他憑藉的就是加法概念的執行力做得好。當他升上基層主管甚至是中階主管時，還是必須依靠苦幹實幹的加法概念來解決工作上的問題。長久下來，這會形成他的成功經驗，最後變成解決問題的慣性思維。等到他升上高階主管，特別需要戰略能力時，就不容易從執行力的「加法」轉變為「減法」。

方法 2：讀書聽課增長技能 —— 簡化的知識不易套用於複雜的實戰

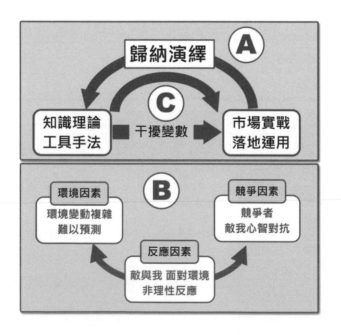

最近這幾年的培訓領域常常在爭辯讀 EMBA、MBA 有沒有用。我是覺得問題不在於有沒有用，而在於為什麼沒有用？如果不能洞悉、切中問題背後真正的原因，再爭辯一百年還是無解。簡單地說吧！讀書聽課是學習一個靜態、簡化的課堂情境（A 路線），市場實戰是面對一個動態、複雜的市場實況（B 路線）。「課堂情境」與「市場實況」差距太大，所以你想透過「讀書聽課」來養成市場經營實戰能力，效益並不高。

三、戰將養成舊方法、新思維

既然這兩種方法用於培養戰將都有侷限性，那企業又該如何培訓主管呢？這個問題確實是許多企業領導者心中永遠的痛！不培訓不行，不知道該怎麼做；培訓後也不行，不知道該怎麼用。許多企業又苦惱又無奈，一直在空轉，但又想不出解套方法。

但這個問題真的是無解嗎？戰將真的無法透過培訓而養成嗎？

一定有辦法解這個問題，只是我們目前還找不出答案。若真的無法透過培訓養成，難道古代戰將都是天生的嗎？不可能的啦！所以，不如讓我們先拋開現有管理培訓的系統模型，從過去既有的成功案例裡找線索、找啟發。古時候沒有培訓模型時是怎麼培養戰將的呢？為了找到線索，讓我們先回想這三個問題：

問題 1：古時候沒有「行銷管理」、「戰略規劃」教科書時，有沒有商人？

→有啊，還是有啊！

問題2：現代人讀完「行銷管理」、「戰略規劃」教科書後，打起戰來有沒有更順？

→不一定，有時候反而更綁手綁腳。

問題3：一定要讀過軍校才能打戰嗎？

→不一定！成吉思汗也沒有讀過軍校，照樣能打戰。

　　從這三個問題的答案可以發現，沒讀書不見得不能打，讀了書不見得能打。不要死守著傳統讀書聽課的培訓模式，雖然動態競爭叢林的靈活應變能力不容易培訓，但我覺得一定有方法，否則古代戰將應該都是天生的，那就無需練兵了。我反而覺得應該改變一下對戰將養成的既定印象，從研究哪種培訓模式比較有效。回過來，不如去觀察古代實戰型戰將的養成歷程，或許能給我們更直接的啟示。就比如，一代戰將成吉思汗為什麼那麼能打？成吉思汗的能力是如何養成的？我讀過他的傳記後，發覺可以從他的「成長歷程」與「決策工具」兩個角度來探討原因。

原因1：成長歷程──從小被打到大，天天在逃命

　　成吉思汗幼年喪父，由母親帶著他們兄弟挖野菜、摘野果充飢。當年拋棄他的部落酋長還想將他們趕盡殺絕，派兵將他逼入密林。成吉思汗四處逃命，艱難地撐過了九天九夜，原以為敵人已離去，沒想到一走出樹林，就被逮捕成為奴隸。雖然後來逃脫了，卻成了喪家之

犬，過著隨時被追殺的日子，艱辛掙扎直到成人。但不要小看這個過程，就是這些危險經歷才使得他變得冷靜靈活，並培養出強大的意志力與判斷力。成吉思汗的能力是在艱困的鬥爭歷程中成長出來的。

我們換一個角度來想，假如成吉思汗是官二代或富二代，在優渥、安穩、養尊處優的環境中成長。經過書塾正統教導，一步步讀書上來，腦中充斥著大量的教戰準則、戰爭案例、兵法模型。你覺得成吉思汗能夠培養出靈活應變的實戰能力嗎？我絕對不相信有這個可能性。

原因2：決策工具——每逢作戰，必先攤開軍事地圖推演

成吉思汗想攻一座山頭，他會怎麼做呢？

他沒讀過軍校，所以應該不會套用孫子兵法所說的兵法定律。但我相信，每逢作戰他一定會派幾個偵察兵，先到戰場觀察地形，並將觀察結果繪成「作戰地圖」，提供他在帳蓬裡進行兵棋推演與作戰計畫。知識理論當然很重要，但是這張「作戰地圖」更不可少。

何謂「作戰地圖」？

作戰是敵我對抗的動態過程，你在套用公式定律前，必須先知道對手在那裡。也必須觀察地形，研判對手將如何調動部隊，以及過程中會不會出現漏洞或缺口？這些問題不能過於抽象空洞，最好以具象化的圖形呈現，你的戰略構想與作戰方案才能浮現。

據說解放軍林彪元帥個性內向，不太愛說話，平日裡生活單調，但是他的愛好是看地圖。有時候會守著一張地圖，看上一整天。他在

看地圖時，幕僚絕對不能打擾他。他看似枯坐不說話，大腦卻在飛速運轉，很多致勝決策就是在看地圖時候構想出來的。

四、打造動態競爭時代的實戰型團隊

假若現有的「工作中學習」或「讀書聽課」，並不容易培養動態競爭所需的實戰能力。那麼又該如何從成吉思汗的養成歷程，找到培養戰將的啟發，並轉移到現代主管培訓呢？

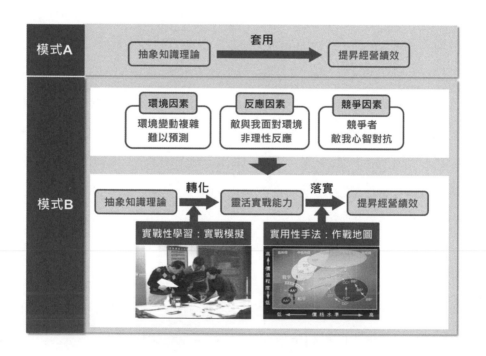

我從 1999 年就開始在企業界講授行銷與戰略課程，我自信講得不錯，學員意見回饋分數都很高。但課後學員常常反應，回去後還是不知道該如何套用，學愈多，愈不會用。經過課後回訪，我終於搞清楚我教的是「模式 A」，而學員回去運用，則面對著「模式 B」，難怪會學愈多，愈會卡卡的。

「模式 A」假設知識理論與經營績效具有高度關聯性。只要學會了知識理論，依循套用就能創造經營績效。這種模式適合於靜態環境，但並不符合動態競爭情況。動態競爭市場，知識理論要能實際運用必須能克服環境、競爭、反應三大因素的干擾。所以重點不在於懂不懂知識理論，而在於能否先轉化為靈活實戰能力，最後才談得上在經營績效落實（如模式 B）。

那麼該如何解決此培訓問題呢？讓我們以成吉思汗的例子來看……

首先，為什麼他具備靈活實戰能力？不是他熟讀兵書，而是他在成長歷程中不斷被追殺才培養出來的。所以我設法開發出一套可在課堂上模擬成吉思汗從小被打到大的「實戰性學習：實戰模擬」系統，用電腦 AI 人工智能在課堂上創造一個逼真的市場環境，讓學員與電腦進行攻防對抗演練。演練中，電腦會模擬不同市場競爭狀況，例如：市場緊縮、環境劇烈變化、消費者需求移轉……等，供學員以角色扮演去面對與解決上述瓶頸的實作操練。

其次，成吉思汗憑什麼能創造經營績效？他沒有讀過軍校，也沒有學過多少兵法。但每逢作戰，他都能善用作戰地圖進行兵棋推演，

將問題具象化，強化決策能力。所以我就模仿古代以「作戰地圖」進行兵棋推演的手法，開發出一套讓企業採用兵棋推演方式，進行戰略推演的「實用性手法：作戰地圖」。亦即做戰略不需要再套公式定律了，只要把兵棋地圖畫出來，然後模仿成吉思汗在帳蓬裡進行作戰決策，計畫很快就能浮現出來。

我整合「實戰模擬」與「作戰地圖」，發展出能讓企業順利地將「抽象知識理論」轉化為「靈活實戰能力」，並落實到工作中，實際提升經營績效的市場戰將養成體系（如模式 B）。

實戰性學習：實戰模擬

實戰環境中，才能培養實戰能力。

但在現實情況下，我們不可能讓企業主管像成吉思汗一樣，天天被對手追殺而成長。因為真實市場上，讓主管從做錯決策中學習實戰，將會對企業造成嚴重損失，我相信沒有企業願意冒這個風險。這就出現了培訓的兩難！讓主管試錯，風險很高；不讓主管試錯，體會不了實戰。怎麼辦呢？

為了解決這兩難問題，我開發了一套電腦軟體系統，讓企業主管在課堂上透過角色扮演，模擬成吉思汗的慘烈成長過程。這種方法不會對企業造成損失風險，又能讓企業主管真實體驗市場實戰。

單向接收知識，變成多元對抗競爭

傳統課堂講授培訓模式是單向的資訊傳遞，老師講，學員聽。這

種學習方式對於技術性工作，比如生產管理、會計管理較有用。課後只要照著做，只要程序步驟正確，應該都能做出結果。但動態競爭是市場上敵我心智對抗的過程，你的決策好壞、對錯不是絕對的，而是相對於競爭對手。知識理論不是懂就能成功，而是要比競爭者更靈活運用才能成功，這是相對性的概念。

所以，要能有效培養戰將的方法，不是讓學員學到套公式，而是要學會在複雜變化的多元競爭對抗中做出好決策，而電腦模擬培訓模式則是達成此學習目標的好工具。我在模擬培訓時會把學員分成六組，讓他們互為競爭對手，共同競爭課堂電腦所創造出來的一個逼真市場情境。一開始，電腦會提供各組學員市場情報，學員依此情報研擬作戰計畫，並將研擬的構想輸入電腦進行分析。電腦將站在市場消

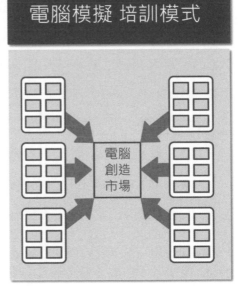

費者的角度，計算出各組學員競爭對抗的成敗。最後輸出各組經營成績，供學員做戰略的修正與調整。

這種電腦模擬培訓模式是一種非常重視實作、實戰的學習方式。你到底行不行，不用跟我講一大堆知識理論，你就進入電腦模擬市場裡親自和競爭對手打打看，你能把對手殲滅掉，我就承認你真的行。

戰時怎麼打，平時就怎麼練

電腦模擬培訓模式和美軍所採用的「紅旗軍演」訓練模式非常類似。紅旗軍演的起源可以追溯至越戰，當時美軍雖然裝備了世界上最先進的戰鬥機，但飛行員的空戰成績卻跌到了歷史最低點。經過調查發現，美軍飛行員最大的致命傷就是缺乏實戰經驗。於是美國空軍立即調整練兵方式，以「戰時怎麼打，平時怎麼練」的精神，用最逼真的訓練環境，讓飛行員真正學會戰場生存之道。每次參與軍演的部隊都被分為紅藍二軍，相互對抗廝殺。主考官會安排各種逼真的戰場劇情、實戰案例，讓參訓者藉由實戰演練熟悉作戰情境，提升實戰能力。

我所設計的電腦實戰模擬，和「紅旗軍演」操作模式非常類似。也會在課堂上安排各種不同的劇情，供學員實操演練。例如：

- 不同產業生命週期下的市場模式與作戰方案。
- 不同市場作戰情境下的應變方案：微利時代、價格戰、藍海與紅海……
- 不同作戰手法與作戰方案：正面攻系、側翼攻系、迂迴攻系……

- 不同作戰規劃與古兵法思維的結合：圍魏救趙之計、借道取糧之計、狐假虎威之計……

這些課堂上聽得到、聽得懂的知識理論，實際與競爭者對抗時，你還能發揮幾分功力？不要懷疑，你來實際操練，電腦幫你分析，你立刻就能知道自己有多少能耐了。

實用性手法：作戰地圖
工具愈簡單，愈能解決繁雜的市場問題

何謂作戰地圖？就是將市場情況以具象化的地圖模式呈現，讓市場作戰能像軍隊一樣進行兵棋推演，靈活地研擬作戰計畫。軍隊作戰一定要有「軍事地圖」，沒有任何一位將領敢在沒有地圖的情況下帶兵作戰。有了地圖才能看清楚敵人位置，才能在變化莫測下快速擬定作戰計畫。

簡易的作戰地圖：價格價值圖

商場如戰場！企業作戰也應該向軍隊學習，透過作戰地圖，推演靈活的作戰計畫。為了便利說明作戰地圖在市場經營決策上的效用，我先舉一個最簡單的作戰地圖型式，實際操作一次。

行銷管理所教的價格價值圖，其實就是一種最簡易的作戰地圖。橫軸是價格，縱軸是價值，並將各品牌標定其上，進行分析。我們常講的性價比（簡稱 CP 值），也就是這個概念。所謂性價比，就是價值除以價格。當企業所在位置在對角線上，代表著「性價比＝1」，

稱為「物有所值」區域。就像 AA、BB、CC 代表三個處於「物有所值」的品牌，分別代表位於高、中、低，三個不同檔次的定位。另外像 EE 品牌位於左上角，稱為「物超所值」區域，其性價比大於 1，代表具有高價值卻是低價格的產品。DD 品牌位於的右下角稱為「物低所值」區域，其性價比小於 1，代表著低價值產品卻採用了高價位。

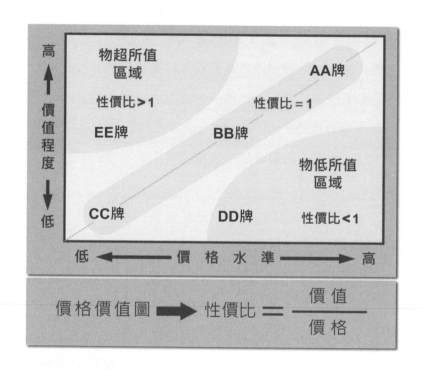

這麼簡單的一張價格價值圖，其實就能幫企業推導出一些初步的作戰構想了。

例如：從這個圖裡可以發現，EE 品牌會比 BB 品牌的定位更具

有競爭力。因為他們具有相同價值，但 EE 品牌比較便宜，性價比更高。而 BB 品牌則會比 DD 品牌的定位更具有競爭，因為他們的價格相同，但 BB 品牌卻具有更高的價值。

創造一個具象化的作戰推演平台

研擬戰略，思考作戰計畫，真的有那麼難嗎？ 其實並不會！根據我的經驗，你只要能將「作戰地圖」畫出來，作戰計畫很容易就浮現了。我曾經輔導某家企業，他們打算切入某城市的健康檢查市場，卻抓不準切入的作戰定位。他們做了許多產業調查與市場分析，雖然得到許多數據與情報，但總覺得資訊太複雜。每次開市場定位會議，花了很多時間在數字堆裡反覆撈情報，公說公有理，婆說婆有理，就是不容易統合出一個清楚的方向。後來我建議他們不如利用手中既有資訊，先簡單畫一張價格價值圖，並以「畫圖─洞察─推論」幾個基本步驟，很快就幫他們找到市場切入的線索與構想。

步驟 1：畫圖

從畫出來的這張圖裡（這是個簡化過的例子）可看到，市場上現有 AA、BB、CC、DD、EE、FF 六個競爭同業。圖上面有兩條呈現雙峰狀的曲線，虛線是消費者數量，實線是已購買的消費者數量，我們一般稱之為「市場飽和度」。

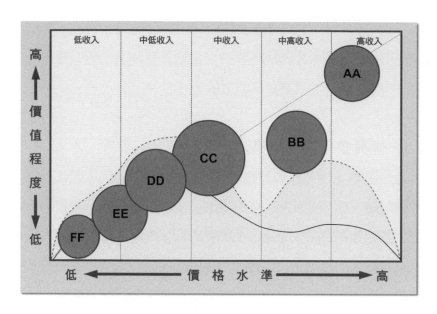

步驟 2：洞察

　　當價格價值圖畫出來之後，大家眼睛為之一亮，因為突然間發現了切入市場的線索。你看 AA、CC、DD、EE、FF 的定位點，都位於「物有所值」的對角線位置。但只有 BB 的定位點處於低於正常的對角線位置，這表示 BB 的性價比偏低。若與 CC 相比，價值雖然略高一點點，但還是偏貴，呈現出性價比小於 1 的情況。柿子當然是挑軟的吃，與其正面去挑戰五個正常定位的優勢對手，還不如去啃掉正處於弱勢定位的 BB 品牌。所以我們很快就發覺，應該有機會打入「中高收入」的市場。

步驟 3：推論

　　然而問題是，中高收入市場是否有足夠的市場量呢？若該收入群

的規模不夠，縱使打趴了 BB 品牌，也不見得有太大意義。所以我們就調閱出市場消費者的分布資料，進行驗證。

　　從虛線的消費者數量來看，中高收入消費者數量雖然沒有低端市場來得大（區域 A 加上區域 B），但再看實線所代表的已購買的消費者數量（區域 B），可得知中高收入消費群的市場飽和度較低，表示還有很多中高收入的消費者對於購買產品處於觀望態度，尚未採取購買行動。也因此，若要打入中高收入市場可以有兩個選擇：搶「區域 B」已經購買的消費者，或攻「區域 A」還在觀望、尚未採取購買行動的消費群。

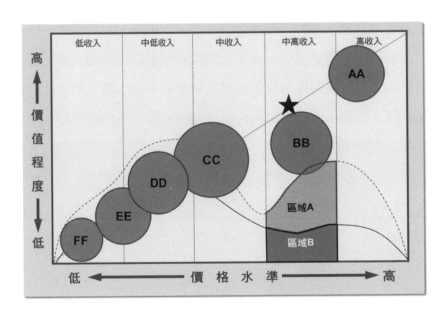

經過討論之後，我們決定攻進「區域 A」，因為這個區域數量頗大。但是該怎麼打呢？為什麼區域 A 的消費者還在觀望，而不採取購買行動？他們在猶豫什麼？這些問題都需要再進一步收集資料。同時，我們將切入市場的新定位設定在圖上黑星位置，亦即要開發出能滿足中高收入、未採取購買行為消費群的新產品。新產品定位要比原有 BB 品牌的性價比來得高，更強勢；產品價值不比高端的 AA 品牌好，但是比它便宜；雖然比中端的 CC 來得貴，但是產品價值卻比它好。

平常我們按照書本公式定律來套，往往得出一大堆數據，搞到自己糊里糊塗，還不見得能推導出作戰戰略。但是真正的市場作戰不是在解數學題目，可以有很明確的 input → output 因果關係，是消費者、競爭者、市場環境……等多元變數交互影響形成的結果。所以用一個類似下棋的棋盤做為資訊匯整與推演的平台，讓我們在此平台上思索推理、想像創新，不斷淘洗出具有創意的市場作戰構想，這個平台就是「作戰地圖」。

第 10 章

實戰能力，理性或感性

第 9 章提到在動態競爭時代仿傚成吉思汗養成的新模式。這一章將說明，如何運用「實戰模擬」讓企業在實戰環境中學習，並體驗靈活應變能力。

一、為什麼要進行實戰模擬

從戰略發展三階段來看，前二階段，戰略規劃與競爭戰略屬於靜態環境，生存之道要比別人更快看準目標，跑得比別人快，這是在追求「效率」。但第三階段動態競爭，環境是變動，目標頻繁改變。生存之道必須機動調整，靈活應變，重點不在「效率」，而在「效果」。

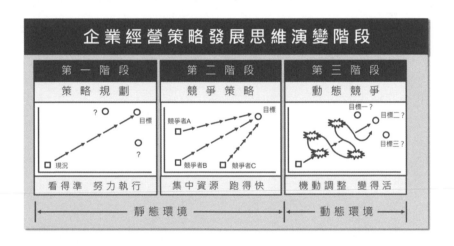

這兩者的差別，就像是奧運比賽的「百米短跑」與「籃球、足球」的差異。「百米短跑」拚的是肌肉爆發力的極度發揮。在 100 公尺跑道上，你什麼都不用想，咬緊牙關、閉著眼睛往前衝，只要

不偏離跑道就可以了。但在籃球比賽場上，你跑得快不見得有用，反而要靈活，眼觀四面、耳聽八方，最終目標是要把球丟進籃框。由於兩者屬性差異太大，其訓練養成模式，當然無法完全相類似。企業該如何培養靈活應變的能力呢？

　　目前許多企業是採用「漸進式養成法」，期許員工透過工作中體驗或讀書學習，隨著職級位階增高，自行將執行能力比重降低，並逐漸加大戰略能力的比重。但這是理想狀況，實際上很難做得到。因為執行能力是「加法概念」，其績效的提升是透過更賣力、更用心、花更多精力來達成。但戰略能力是減法概念，重點不在於做得更賣力，而是選擇適當時間，選正確的方向前進。有些主管平常看他好像無所事事，但是能在關鍵時刻看清問題，做出恰當的選擇與取捨，這種戰略選擇能力就是「減法概念」。從本質上來看，加法思維的執行能力與減法思維的戰略能力相差太懸殊，不見得能夠相融。所以你也無法期待員工能透過「漸進式養成」，將已經做得很熟練、很成功的執行能力，逐步轉換成戰略能力。

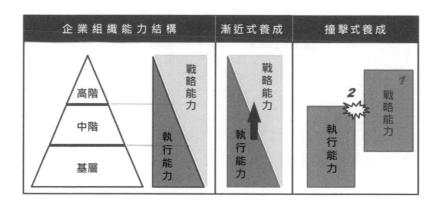

要將員工的執行能力轉換為戰略能力，最先要克服的是學員過去苦幹實幹所形成的成功經驗與慣性思維，這時候就需要改用「撞擊式養成」。這種培訓方法的目標，不在於教會學員新知識、新理論，而是不斷挑戰學員既有的慣性思維，引導學員體認到自己有所不足，願意接受並改變。而「實戰模擬」就是用來撞擊學員僵化思維的好方法。

二、實戰模擬操作流程

實戰模擬教學模式是模仿「紅旗軍演」軍事對抗訓練，讓學員透過角色扮演實操、實作、實練，從過程中找出自己的經營盲點，及時領悟修正，進而培養戰略能力的培訓方法。整個實戰模擬的操作流程可以區分為兩階段，七步驟。

演練階段：引入各種戰略案例與學習情境，讓學員進行實戰推演。目的是改善讀書聽課缺乏實際操演的機會。

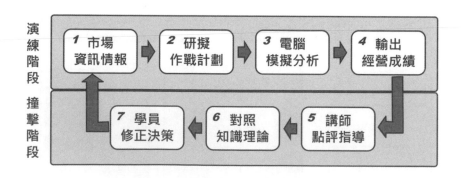

撞擊階段：協助學員頓悟戰略能力與執行能力的差異，進而願意修正與調整。目的是透過講師點評與引導，打破學員慣性經驗值，建立靈活戰略能力。

實戰模擬演練階段的 4 項流程

步驟 1：市場資訊情報

實戰模擬必需要創造一個逼真的市場環境與經營案例，並提供學員市場分析表。就我上課所操作的「TeamWell 實戰模擬系統」所提供的市場分析表，內容包括：市場消費者基本資料，消費者需求內容、消費者購買能力、購買動機……等各項資訊。

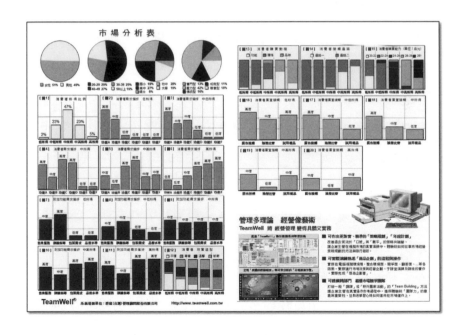

步驟 2：研擬作戰計畫

　　學員拿到市場情報資訊後，開始進行角色扮演：假若你是企業領導，你會如何解讀這份市場情報，如何思考切入市場方法，如何發展市場戰略戰術。最後將這些構想寫成一份作戰計畫書。

　　在研擬作戰計畫時，學員必須整合許多書本上所學到的知識理論，並將知識落實在決策分析。

1. 競爭戰略規劃

　　市場作戰區域・作戰長短目標・市場作戰方向・攻防作戰手法・市場決戰武器・作戰發展軌跡

2. 商品戰略規劃

　　商品定位規劃・商品功能組合・品牌調性規劃・商品生命週期・商品問題診斷・新商品切入戰略

3. 經營環境趨勢

　　微利市場應戰法・價格戰應戰方法・戰略聯盟決戰法・新市場切入方法

4. 競爭對抗議題

　　競爭對手定義・競爭者動向預測・動態競爭判定法・競爭者優劣分析

　　這些議題平常散布在教科書的不同章節，過去我們是個別學習這些主題。如今學員必須整合這些主題，並其融合成一份作戰計畫書。

實戰不是考試，考試可以個別主題進行考試，但實戰必須同時整合多
項主題，進行多元性融合思考。

步驟 3：電腦模擬分析

　　講師將各組學員所做的作戰計畫書輸入電腦模擬系統進行分析
（如下圖：包括行銷、研發、生產……等各方面經營變數）。實戰模擬
系統會以消費者角度，模擬消費者的購買行為，並結合外界環境變
動、競爭對抗行為，公平研判各組作戰計畫在市場競爭上的優劣點與
經營績效。

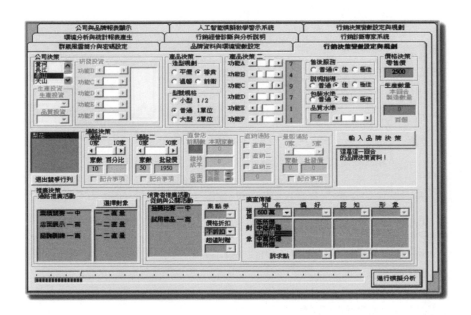

步驟 4：輸出經營成績

　　經過三分鐘電腦模擬分析完畢後，電腦會以經營報表型式，輸出各組的經營成績。包括

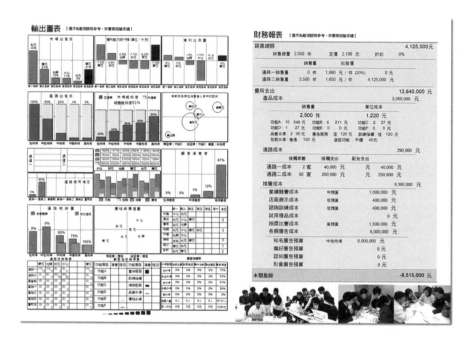

　　市場面：市場占有率、市場飽和度、品牌知名度、品牌形象……

　　財務面：行銷成本結構、獲利總額、獲利能力……

　　顧客面：客戶滿意度、消費者結構、消費者對各品牌認知……

實戰模擬撞擊階段的三項流程

　　實戰模擬主要訓練學員「如何思考」，而不是「該怎麼做」。你現在認為最好的操作流程，不見得能適用於未來的不確定環境。此時你

反而要著重於教導「如何思考」。而要教會他思考，除了修正學員的失敗行為之外，更應該修正他邏輯思考的瓶頸與盲點。行為上的修正只能解決一成不變的問題，而思考邏輯的更正才能真正提升學員未來應變複雜情境的能力。撞擊階段的學習目標就是在調整學員的「邏輯思維」。

步驟 5：講師點評指導

電腦輸出各組決策的經營成績後，有人贏，有人輸。但輸贏不是重點，關鍵是學員如何從輸贏的成績中，領悟出自己決策的優缺點，進而調整決策思維。所以講師點評指導就成為實戰模擬最重要的環節。下圖是某次實戰模擬的上課案例。

■第一回合實戰模擬的成績

電腦輸出第一回合的各組成績。四組學員 AA、BB、CC、DD 的定位點，排列成一對角線。AA 是高檔定位，DD 是低檔定位，BB、CC 是中檔定位。其中圓圈大小代表其市場占有率。

當要進入第二回合時，BB 打算降價，採取和 CC 相同價格、較高價值的新定位點，攻擊 CC。我在課堂上問了 BB，這個作戰方案到第二回合，你預期會有什麼結果？ BB 說，他預測 CC 市場占有率會因為被攻擊而萎縮，而他因為搶了 CC 萎縮的市場，擴大了市場占有率。

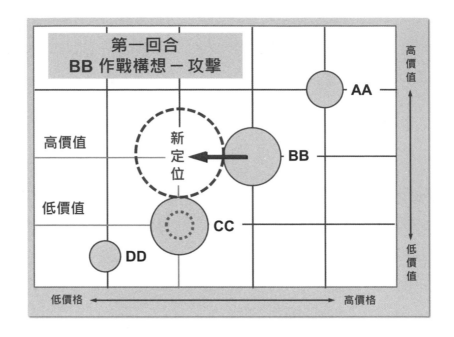

■第二回合實戰模擬成績出爐

　　進行實戰模擬時，我一向很開放，不干預學員的作戰構想，並鼓勵學員將構想輸入電腦進行分析，以便應證想法對與錯。這是實戰模擬培訓的精神，講師的職責不是要教學員做對的事，而是要他嘗試找出錯的方向。只有親身犯了錯，學員有了深刻的體驗，才能逐步調整、領悟出對的方向。

　　所以我鼓勵 BB 用這個新定位試一試。不料從第二回合跑出來的成績發現，縱使 CC 被攻擊，市場占有率有大幅萎縮，但 BB 的占有率並不如預期增加，反而減小。BB 很驚訝這個成績，跑來問我，到底他做錯了哪些事情。為什麼他消滅了對手，自己也幾乎陣亡。

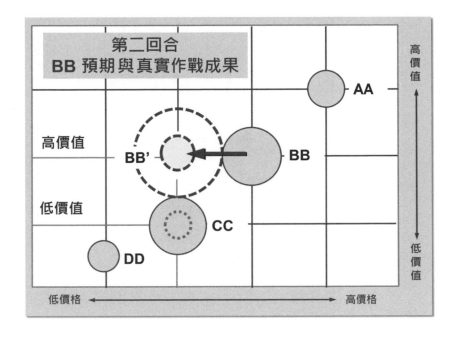

■第二回合講師點評指導

　　當學員在實戰模擬過程中發現有疑惑、不解之處，講師就必須介入引導，這是協助學員釐清經營決策盲點的關鍵時刻。所以當 BB 學員發現原本市場占有率莫名其妙變小之後，我當場用電腦分析其他組的數據，協助學員找問題。結果發現，原來 BB 降價攻擊 CC 時，AA 同時也採取降價攻擊 BB。這就我們常說的「螳螂捕蟬，黃雀在後」。

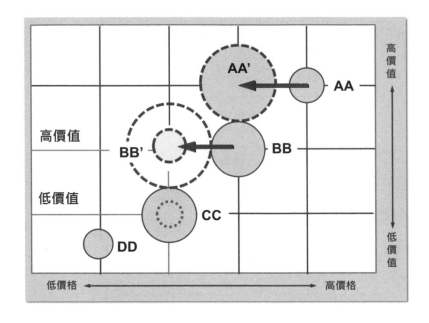

我們往往只知道攻擊對手,卻忽略了潛在競爭者在旁虎視眈眈盯著我們。如果用講課方式告訴學員這個道理,他們往往會嫌老師囉嗦。但實戰模擬能讓學員知道,你看似都懂都知道,在某時某地某種情境下還是會犯錯。當頭棒喝才能敲醒學員,讓他們覺醒。

步驟 6:對照知識理論

明明已經懂的知識理論,在某些情境下還是無法用出來。就像上面的例子,「螳螂捕蟬,黃雀在後」不就是賽局理論嗎?賽局理論提到,你降價,對手也可能會降價,你的方案有效與否,還必須考慮到競爭者的反應。這個道理其實不難懂,但是在你眼露凶光,緊盯著要咬的對手時,往往就會忽略這個淺顯易懂的道理。

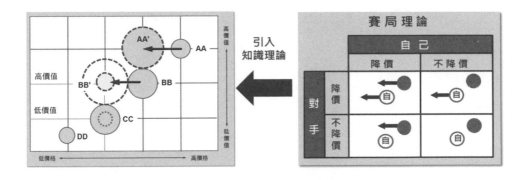

　　以往培訓是先教知識理論，他們再拿到企業實際運用。實戰模擬則是先讓他演練操作，讓學員知道自己錯在那裡，知道自己的經營盲點，再讓他自己找理論對照。前者是填鴨式，後者是啟發式，後者的學習效益往往遠高於前者。

　　我幫過很多高科技行業做過實戰模擬訓練，學員背景有一大半是研發、生產、品管等非市場作戰單位。這些理工背景主管往往對市場經營的知識理論不感興趣，每次安排行銷、戰略的課程，這些人大多藉故請假或溜走。企業領導也很頭痛，這些人再過幾年就要升到領導階層了，未來不只需要原本熟悉的技術技能，也要強化經營戰略的能力。但是怎麼勸，怎麼逼，這些人還是無動於衷，就是不想來上課學習。

　　後來，我們就用實戰模擬讓他們實際操練。強調上課不枯燥，還蠻好玩。在兩天的實戰操練課程中，他們不斷面對問題，解決問題，才真正發現，要做好市場經營決策不如想像中容易，不是透過他現有技術技能就能做得好。

課後我也收到好幾名研發背景的學員來信，請我能夠提供幾本行銷戰略，以供他們在工作煩忙中抽空閱讀。企業領導知道之後也很高興，他說，平常要讓這些研發主管讀行銷、戰略的書，簡直比登天還難。沒想到經過實戰模擬，讓他們知道自己所缺，竟然帶動了學習欲望，太神奇了。

步驟 7：學員修正決策

所謂撞擊式學習就是挖坑讓學員跳，在演練階段就是要讓學員出錯。但是讓學員犯錯不是實戰模擬的最終目的。關鍵是學員摔到坑裡了，講師必須把他拉上來，讓他們知道如何知錯能改。

撞擊階段分三步驟，前兩步驟是講師把學員拉上來，第三步驟是讓學員修正決策，鼓勵他摔倒後修正方法繼續往前走。就如剛才「螳螂捕蟬，黃雀在後」的例子，學員經過這次摔倒後，腦子裡將會逐步建立起「動態競爭思維」，並影響到他後續的決策行為。

未曾跌倒之前，學員原本的決策觀點：

• 我想要怎麼做，就怎麼做——從自己的角度看市場作戰。

課堂跌倒之後，學員修正的決策觀點：

• 我想得到的好方案，競爭者同樣也想得到——市場競爭概念。

• 不要只看到眼前的競爭者，也要注意潛在競爭者——競爭者短視病。

• 我會重定位，競爭者也會重定位——動態競爭思維。

實戰模擬的講師要像一面鏡子，照出學員僵化的思維慣性與決策盲點。在學員犯錯當下，要對其精準點評批評，才能讓學員開啟更多元、更深度的思維模式改變。坊間也有很多電腦模擬軟件系統，可供學員在課堂上操作演練，但最大的問題就是電腦雖然可以輸出各組決策經營報表，可是學員看不懂決策的對錯在哪裡，講師也釐不清學員的問題點，只能草率進行講解，無法發揮實戰模擬的真正學習效果。

企業若要選用電腦實戰模擬系統訓練主管，務必要確認講師點評工作是否做得到位。電腦系統是用來讓學員犯錯，不是用來在課堂上玩的，重點在於講師點評是否犀利。一般電腦實戰模擬以學員操作為主，講師點評時間很有限。但我一天八小時的課程，最少會花五個小時點評，與學員互動、辯論，這些過程絕對不能少。

三、以實戰模擬技術打造企業實戰團隊

從學習速度來看

動態競爭時代，企業最不能缺少多元應變與靈活對抗兩項能力。過去企業訓練主管實戰，不外乎採用工作中磨練、讀書聽課或個案研討。但是這三種方法，在培養實戰能力上各有侷限。

■工作磨練

在工作中親力親為解決問題，這種磨練方式最實戰。但是養成速度太慢，風險太高。

■讀書聽課

可以在短時間內聽到許多知識理論與經驗，但畢竟是單向的知識傳授，縱使你聽得懂，並不代表能夠在複雜多變的環境下靈活運用。

■個案研討

個案討論的確能透過簡化的案例，學習如何運用知識理論，快速掌握面對問題、解決問題的方法。但真實市場作戰複雜度高，過去案例累積的經驗值，不見得能解決層出不窮的新問題。

工作磨練雖有辦法培養實戰能力，但耗時太長，風險太高。讀書聽課、個案研討所培養出來分析問題、解決問題的工具手法，在面對靜態環境可以發揮作用，但卻教不出應對動態競爭環境所需具備的多元應變與靈活對抗能力。要免除此問題一定要堅持只有在實戰環境中學習才能學會實戰能力的原則。

實戰模擬是一種結合三種方法的新培訓模式，將讀書聽課所學知識理論，導入類似「工作磨練」的「實戰模擬」進行操練，並將操練結果進行「個案研討」的綜合學習新方法。

從學習深度來看

應該具備動態競爭的能力是一回事，如何具備這些能力，又是另一個重要課題。學得快，你三天就學會；學得慢，三年才學會。雖然

兩者都學會了，但在變化莫測的環境下，還不到三年，你可能就被市場淘汰了。意即，在動態競爭時代的學習重點不應只探討該學什麼，還必須重視如何學習，以及學習的過程。就我的觀察，企業必須掌握「快速學習」、「深度學習」及「團隊學習」三個特點，才能學會足以應付動態競爭市場作戰的學習需求。

■快速學習

　　動態競爭市場生命週期是窮山惡水，片斷、零碎的地形，而不是從引入期、成長期、成熟期……，呈現像平原丘陵的靜態環境生命週期。因此你不能只靠一招半式走天下，而必須在最快時間之內，快速學會許多應變招式，累積多元的作戰經驗。

■深度學習

　　動態競爭市場新情境、新課題層出不窮，你必須不斷挑戰自己過去的成功經驗，打破僵化的慣性思維，方能適應不斷變化的新考驗。你不只要學會解決問題的方法，還要深入學會解決方法背後的邏輯與思維。當未來環境不一樣，適用前提不一樣時，才能夠立即修正與調整。

■團隊學習

　　除非你是自由工作者，整個公司只有你一個人，否則必然是以團隊型式面對市場競爭。一個團隊要能在動態競爭市場靈活應變，不

只考驗領導者能力，更考驗經營團隊能否形成一個適應環境的變形組織。這就像是特種作戰部隊的訓練重點之一，不在於找出最強的獨行俠，而是養成他們能捐棄個人英雄主義，團隊合作完成任務。

TeamWell 實戰模擬的學習速度與深度

「TeamWell 實戰模擬」是我在十多年前開發的電腦模擬系統，用於協助企業養成能在動態市場競爭致勝的實戰能力，十多年來已經協助過數百家中、大型企業，培養實戰經營團隊。我從課程經驗中明確發現，這套系統確實有助於解決企業快速學習、深度學習與團隊學習的問題。

TeamWell 實戰模擬如何快速學習

曾經有位汽車業的主管在課後表示，這兩天的訓練所呈現出各競爭者的市場經營定位移動軌跡，正好應證他多年來所遇到的各種情況。他感受很震撼，覺得原本可能要花好幾年才能在戰場中學習到的經驗，竟然可以壓縮在兩天內實際體驗。

工作中所遇到的問題與瓶頸，往往是隨機、零散地出現。要企業主管在工作中完整、全面接觸這些問題，並學會解決方案是不切實際的。但是實戰模擬卻可以透過刻意安排，將這些議題安插在適當的學習過程中，讓企業主管系統性地體驗市場經營議題。例如：

• 市場生命週期不同階段的決策模式與作戰方案。

- 不同作戰情境的應變方案：價格戰或價值戰、藍海市場或紅海市場。
- 不同作戰手法與作戰方案：正面攻系、側翼攻系、迂迴攻系……
- 不同作戰規劃與古兵法思維的結合：圍魏救趙之計、借道取糧之計、狐假虎威之計……

　　書本裡教的並不是你自己操作的心得，而工作中的磨練零散不完整，風險又太高。但是電腦實戰系統可以模擬這些不經意出現的市場作戰情況，教你如何因應這些問題。

TeamWell 實戰模擬引導深度學習

　　最危險的雷區不在外界環境，而是在經營團隊的腦袋裡。人有慣性思維，會自覺地防衛自己的成功經驗不被挑戰。惟有透過親身演練，電腦分析，並將真實經營績效清清楚楚地擺在他們面前，才能督促他們察覺自己的經營盲點，進而願意調整改變。

　　我曾幫一家科技公司進行實戰模擬，那次培訓對象是前方業務單位與後勤支援單位。我讓他們在教室裡分組做市場競爭對抗。我並沒有把主管打散分組，而是按照職能別，把他們分成業務組、研發組、財務組……等各自獨立的小組。之所以這樣分組，主要是想觀察不同職能別主管的決策風格與經營思路。其實，課前講師群都比較看好業務組的成績，畢竟他們都是市場老將，經驗老道，自信滿滿。

　　結果經過前三回合激烈競爭後，自信滿滿的業務組成績卻很差，

一直在賠錢，但是不被看好的研發組連續三回合都是賺錢。大家都很驚訝，實際成績與預期成績怎麼會差那麼多呢？其實，實戰模擬的重點不在於成績好壞，而在於找出成績好壞的背後原因，這才是學習關鍵。我當場和學員一起攤開經營數據，大家一起尋找問題所在。後來發現問題關鍵是……

業務團隊：戰略成功，戰術失敗。

研發團隊：戰略失敗，戰術成功。

何謂「戰略成功」？業務主管能夠清楚掌握市場的大方向，能夠找到市場目標與商機，所以對戰略大方向判斷很精準，但卻很容易發生「戰術失敗」。業務人員常習慣用不擇手段、不惜血本的方式操作市場。為了攻下山頭不惜用大炮、轟炸機去炸山頭。山頭是打得下來，但卻投入太多的成本與資源。這也正好反映出他們平常的經營問題點：為了搶市場，不惜花大錢打廣告、促銷、降價。市場是打下來了，自己也傷痕累累。

研發團隊連續三回合沒有賠錢，不是他們厲害，而是運氣好。研發團隊很重視細節，所以不太容易有戰略思維。但也沒有關係，只要能逮到一個利基市場，他們會很精打細算，不敢亂花錢。所以連三回合都能賺。雖然賺的不見得多，但也不容易賠大錢。所以我們才會說研發團隊是戰略失敗，戰術成功。全程坐在後面跟課的總經理看到研發組的成績後，笑著說：「沒錯，這就是我們公司研發團隊平常做決策的風格。他們就是會看細節，但不太會看大方向。」

透過課程親自操練市場作戰，可以突顯出過去從未發現的經營盲

點。整堂課就像是一面照妖鏡，一一照出主管的原形原貌，逼他們無所遁形地面對自己的問題。

TeamWell 實戰模擬塑造團隊學習

　　市場作戰不是只有前方業務單位的職責，而是全公司各部門共同的職責。對於後勤單位主管，我不期待他們成為戰將，但最起碼要能理解前方作戰單位的思維模式，如此方能相互溝通，盡心支援。但問題是，幕僚單位不見得有機會到前方親身體驗作戰。但沒有關係，實戰模擬能讓後勤幕僚單位透過角色扮演，讓他快速、無風險地感受市場瞬息萬變，計畫趕不上變化的情境。

實戰模擬能協助幕僚團隊在「深度」與「高度」兩方面，開拓對市場的認知與感受。高度上，實戰模擬透過分組演練相互對抗，每一組就是一家公司，組員必須扮演企業經營者。換言之，後勤幕僚同仁在課堂上不是操作其熟悉的專業技能，而必須拉高立場，站在老闆、總經理、經營者的立場做決策。這種訓練方式能夠大幅開拓學員的視野。以前在自己職位上，把自己的事情做好即可。現在站在總經理的立場，必須協調各部門，順應環境變化即時調整。後勤幕僚在原有職能上的本位主義將會受到衝擊，進而省思調整方式。

　　在深度上：後勤幕僚平常接觸前方作戰的機會不多，對市場的理解大多是由前方作戰單位傳送回來的訊息。他不親歷其境，你又如何期待他能理解前方複雜作戰情況呢？這也是企業產銷協調會發生衝突與紛爭的原因。但透過實戰模擬能讓後勤幕僚參與市場作戰的課題，演練如何經營市場、應對競爭、面對環境變化。藉由親身操作演練，更深度地看透企業經營問題，並培養對前方市場作戰的經驗值。課後回到原有後勤單位，與業務單位溝通就較有共同語言與經驗值。

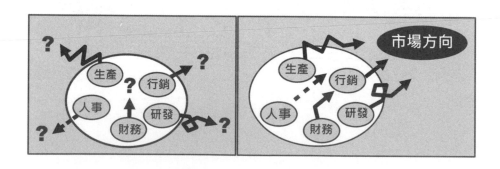

企業團隊經過實戰模擬訓練後，決策行為會有什麼差異呢？

在還沒有經過培訓前，各職能部門想事情的思維模式差異很大。例如，業務單位想要衝占有率，財務單位在乎企業獲利，生產部門在乎成本控管。大家考量角度都不同，對於未來發展方向往往就像多頭馬車，難以統合。

但是經過實戰模擬訓練後，大家在課堂上共同學習，加高、加深對市場經營的經驗值。所有部門主管學會拉高層級，用公司總體的角度來看市場作戰，而不是單獨從自己部門的立場來看。他會比較清楚如何跳脫他自己部門的觀點，學會把思考方向拉深到客戶端，來看市場作戰計畫。有了這些經驗值，未來回到工作場所面對市場作戰時，才能夠與其他部門朝向一致方向，進而形成能協同運作的市場作戰團隊。

四、動態競爭市場經營是理性還是感性？

明朝萬曆年間有本探討戰場指揮官該具備什麼能力的書《登壇必究》，其意為要登壇受封為將者，必被考核與要求的能力。該書作者王鳴鶴，一生歷經數十戰，每戰必勝，名滿天下。他根據戰場經驗總結，要成為能在變化莫測戰場上指揮作戰的司令官，除了最基本的天文地理、行軍戰備知識之外，更要具備指揮戰鬥、戰場應變、計謀攻心和選賢任人四項能力。其中戰場應變和計謀攻心能力，正和動態競爭市場所需要具備的多元應變與靈活對抗的戰略能力相符合。

然而這兩種能力很難教，也很難學，因為他不是解數學題目，可以有清楚的 SOP 可讓你分析和依循。他反而需要因人、因時、因地，隨時整合多元情境因素，快速應變的敏感度。甚至有時要大膽逆著標準方向而行，讓對方驚慌失措，應變不及。

　　台灣商界有一句俚語：生意仔歹生。企業家第一代很會做生意，很懂得如何整合各種環境變化並靈活應變，但這種能力很難教會他的下一代。因為知識理論、工具手法是基本功，但是一到戰場絕不能照著做，而是必須考慮環境不確定、對手不可測，和行為不理性的干擾因素，進行修正與調整。這種臨機應變、多元整合的能力，正是一種不可形之於具體操作流程的感性能力，而且無法透過閱讀書本知識理論而獲得，必須在實戰環境中透過親身犯錯、實際體驗才能逐漸塑造而成。

結語

以易言之者，有所不將，而將必敗也

以易用之者，有所不戰，而戰必潰也

何謂「動態競爭」？有人說它是一門預測競爭行為的技術，但我覺得這並不夠。它不應只是在策略、行銷領域多了一門類似藍海策略、長尾理論的技術而已，應該是對現有生產、研發、人力、財務……等企業功能，創造一個決策新維度。亦即行銷管理除了學會原有 SWOT、STP、PEST……等手法之外，更應該思考面臨不確定環境、競爭對抗及對手不理性時，如何活用這些手法。相同道理，財務、人力、研發、生管也都應該思考，在原有理論手法下加上環境、競爭、消費者的影響。所以動態競爭不只是一套手法技術，而應該是企業未來不可迴避的全面升級與轉型。

未來市場變動是常態，不變才奇怪，幾乎沒有任何一個產業能置身事外。由於動態競爭對企業管理是全面性的影響，相信它將是未來管理學的顯學，有待更多專業人士投入研究發展。本書所提的「動態競爭心法矩陣」是我研究的起步，我不期待它能解決動態競爭全部的問題，充其量只能用於短期作戰的路線選擇與戰術攻防。至於戰爭迷霧下如何制定中長期競爭策略，如何讓策略活起來，我會另寫一本書來闡敘。

北宋《何博士備論》提到：「以易言之者，有所不將，將必敗也。以易用之者，有所不戰，戰必潰也。」讀完這本書搞懂了「動態競爭心法矩陣」之後，千萬不要因為有了方法可依循，就把用兵作戰說得很容易，這是將必敗、戰必潰的前兆。

　　在動態競爭時代，策略規劃最大的致命傷是「相信」。相信有方法模型可以指引你一條路；相信過去經驗可以告訴你一個方向。就因為「相信」，落實運用時常傾向選擇性資訊搜集，外界情報要能套進去你所相信的公式模型，才有辦法進行分析。所以你的決策視野將會變得愈來愈窄，對市場敏感度將會變得愈來愈遲鈍。

　　在動態競爭環境下，策略規劃最大的救命藥反而是「恐懼」。縱使你已經學會了許多知識理論，但是你很清楚在戰爭迷霧下，計畫趕不上變化，必須隨時配合環境與對手修正知識理論的運用。這種無法掌握未來趨勢與敵情的惶恐，往往會放大你的敏感度與警覺性，讓你更能夠因應環境變化而靈活調整。

　　長平大戰，趙王指派趙括為帥時，趙括母親特別懇求趙王不要讓他領兵。趙母說，不要認為趙括熟讀兵書就對他寄以重望，其實趙括和他父親趙奢面對作戰的心態不同。趙括一聽到要領兵出征，欣喜若狂，設宴慶祝，大王所賜盡購田宅。反之趙奢閉門謝客，整日沉思破敵之方，心神不寧，徹夜難眠。就因為趙括自恃熟讀兵法，缺乏戒慎恐懼之心，所以絕不能讓他為將，戰必潰。

　　恐懼是人的本性，但自信卻常隨著學習而來。不論是讀書聽課或參加個案研討，當我們學會了知識理論之後，眼前有了操作步驟，心

中有了成功案例，躍躍欲試的自信心會逐漸取代戒慎恐懼之心。等到上了戰場，就汲汲於收集想要的資訊，套用在公式定律上。所研擬的策略規劃思路清晰，邏輯嚴謹，講起作戰計劃頭頭是道，辯才無礙。但真正打起來，碰到環境變化、對手狡猾，不按牌理出牌時，很快就會招架不住，亂了手腳。策略要學會不難，但要做得好並不容易！祈望讀者看完本書之後，千萬不要只有學到武功招式的喜悅，卻忽略了面對動態競爭所必須的戒慎謹慎心態。

陳昭良 于台北

國家圖書館出版品預行編目資料

動態競爭決勝力：運用宏觀到微觀心法矩陣突破變局/ 陳昭良著. --
初版. -- 臺北市：商周出版：家庭傳媒城邦分公司發行, 2020.10
面；　公分. -- (Live & Learn ; 69)

ISBN 978-986-477-885-0 (平裝)

1.管理科學 2.策略管理
494　　　　　　　　　　　　　　　　　　　109010247

動態競爭決勝力 —— 運用宏觀到微觀心法矩陣突破變局

作　　　者／陳昭良
企 劃 選 書／程鳳儀
責 任 編 輯／余筱嵐

版　　　權／劉鎔慈、吳亭儀
行 銷 業 務／王瑜、林秀津、周佑潔
總 編 輯／程鳳儀
總 經 理／彭之琬
發 行 人／何飛鵬
法 律 顧 問／元禾法律事務所　王子文律師
出　　　版／商周出版
　　　　　　台北市 104 民生東路二段 141 號 9 樓
　　　　　　電話：(02) 25007008　傳真：(02)25007759
　　　　　　E-mail：bwp.service@cite.com.tw
　　　　　　Blog：http://bwp25007008.pixnet.net/blog
發　　　行／英屬蓋曼群島商家庭傳媒股份有限公司 城邦分公司
　　　　　　台北市中山區民生東路二段 141 號 2 樓
　　　　　　書虫客服服務專線：02-25007718；25007719
　　　　　　服務時間：週一至週五上午 09:30-12:00；下午 13:30-17:00
　　　　　　24 小時傳真專線：02-25001990；25001991
　　　　　　劃撥帳號：19863813；戶名：書虫股份有限公司
　　　　　　讀者服務信箱：service@readingclub.com.tw
　　　　　　城邦讀書花園：www.cite.com.tw
香港發行所／城邦（香港）出版集團有限公司
　　　　　　香港灣仔駱克道 193 號東超商業中心 1 樓；E-mail：hkcite@biznetvigator.com
　　　　　　電話：(852) 25086231　　傳真：(852) 25789337
馬新發行所／城邦（馬新）出版集團 Cite (M) Sdn. Bhd.
　　　　　　41, Jalan Radin Anum, Bandar Baru Sri Petaling, 57000 Kuala Lumpur, Malaysia.
　　　　　　Tel: (603) 90578822　Fax: (603) 90576622　Email: cite@cite.com.my

封 面 設 計／李東記
排　　　版／極翔企業有限公司
印　　　刷／中原造像股份有限公司
總 經 銷／聯合發行股份有限公司
　　　　　　電話：(02)2917-8022　　傳真：(02)2911-0053
　　　　　　地址：新北市 231 新店區寶橋路 235 巷 6 弄 6 號 2 樓

■ 2020 年 10 月 8 日初版　　　　　　　　　　　　Printed in Taiwan
定價 600 元

城邦讀書花園
www.cite.com.tw

讀者回函卡

感謝您購買我們出版的書籍！請費心填寫此回函卡，我們將不定期寄上城邦集團最新的出版訊息。

不定期好禮相贈！
立即加入：商周出版
Facebook 粉絲團

姓名：_____ 性別：□男　□女

生日：西元_____年_____月_____日

地址：_____

聯絡電話：_____　傳真：_____

E-mail：

學歷：□ 1. 小學 □ 2. 國中 □ 3. 高中 □ 4. 大學 □ 5. 研究所以上

職業：□ 1. 學生 □ 2. 軍公教 □ 3. 服務 □ 4. 金融 □ 5. 製造 □ 6. 資訊

　　　□ 7. 傳播 □ 8. 自由業 □ 9. 農漁牧 □ 10. 家管 □ 11. 退休

　　　□ 12. 其他_____

您從何種方式得知本書消息？

　　　□ 1. 書店 □ 2. 網路 □ 3. 報紙 □ 4. 雜誌 □ 5. 廣播 □ 6. 電視

　　　□ 7. 親友推薦 □ 8. 其他_____

您通常以何種方式購書？

　　　□ 1. 書店 □ 2. 網路 □ 3. 傳真訂購 □ 4. 郵局劃撥 □ 5. 其他_____

您喜歡閱讀那些類別的書籍？

　　　□ 1. 財經商業 □ 2. 自然科學 □ 3. 歷史 □ 4. 法律 □ 5. 文學

　　　□ 6. 休閒旅遊 □ 7. 小說 □ 8. 人物傳記 □ 9. 生活、勵志 □ 10. 其他

對我們的建議：_____

_____

_____